U0281920

居家伤害预防

上海市疾病预防控制中心

主编

彭娟娟　喻　彦　徐乃婷　施　燕

上海科学技术出版社

图书在版编目（CIP）数据

居家伤害预防全攻略 / 彭娟娟等主编. -- 上海 ：
上海科学技术出版社，2023.11
ISBN 978-7-5478-6426-5

Ⅰ．①居… Ⅱ．①彭… Ⅲ．①家庭安全－普及读物
Ⅳ．①X956-49

中国国家版本馆CIP数据核字(2023)第224847号

居家伤害预防全攻略

主编　彭娟娟　喻　彦　徐乃婷　施　燕

上海世纪出版（集团）有限公司
上 海 科 学 技 术 出 版 社　出版、发行
（上海市闵行区号景路159弄A座9F-10F）
邮政编码201101　　www.sstp.cn
上海光扬印务有限公司印刷
开本　787×1092　1/16　印张　9
字数　150千字
2023年11月第1版　2023年11月第1次印刷
ISBN 978-7-5478-6426-5/R·2897
定价：58.00元

编写人员

主　编

彭娟娟　喻　彦　徐乃婷　施　燕

编　者（以姓氏拼音为序）

高　宁　刘静红　吴文军　郑　杨　周德定

绘　图

彭诗怡

前　言

伤害已成为危害人群健康的重要公共卫生问题，为进一步更有针对性地采用各种策略和措施减少伤害，保护人群健康，上海市疾病预防控制中心组织编写了《居家伤害预防全攻略》一书。

本书基于伤害预防的策略和理念，阐述了居家环境中的常见伤害及预防措施。全书从常见的家庭环境入手，分别叙述了装修与布局的注意事项，家具与家用电器的选择，如何安全使用厨卫用品，以及常见的居家安全防护用品等。本书还针对老年人和儿童这两类容易发生伤害的人群，分别阐述了如何识别和改善居家环境危险因素，如何养成良好的行为习惯，以减少伤害发生。本书最后还列举了常见伤害的急救方法。

本书纳入了大量案例分析和讲解，并配有丰富生动的图片，通俗易懂，便于读者理解并在生活中学以致用。同时，本书充分融合了伤害预防的原理和方法，各章节均可独立作为伤害预防专业人员健康教育的参考内容，并可供基层社区、基层疾控单位等公共卫生部门开展居家伤害预防工作时参考。

编者

2023 年 10 月

目 录

第一章

居家伤害概述

❀ 一、居家伤害的流行情况

家，是我们健康成长的乐园，也是为我们遮风挡雨的"安全港湾"，但我们的家真的足够安全吗？或许并不尽然。上海市伤害住院病例登记结果显示：2021年伤害住院病例中有1/3在家中发生伤害。家中可能潜藏着诸多安全隐患，稍有不慎，就有可能发生跌倒及坠落、窒息、烧烫伤、中毒、锐器伤、钝器伤等危险。

❀ 二、居家伤害的危险因素

1. 个体危险因素

儿童和老人是易在家中发生伤害的人群。

（1）儿童

世界卫生组织和联合国儿童基金会联合发布的《世界预防儿童伤害报告》指出，近90%的儿童伤害发生在家中或住宅附近。在身体特征上，儿童身体小，幼儿通常头部较大、重心高，且耐受能力远不如成人，易受伤；在认知上，儿童对世界充满好奇，喜欢探索和模仿，通常不能认识和预见危险，易做出危险行为。对成人来说安全的家，可能对孩子并不安全。孩子在家中奔跑、使用尖锐物品、爬上窗户、将手伸入插座、玩火、玩水等，都可能导致伤害发生。

（2）老年人

随着年龄增长，老年人的身体机能和健康状况都会发生改变，比如：视力、平衡能力和反应能力逐渐下降，骨骼、关节、韧带、肌肉的功能退化，等等。这些变化使老年人不能及时判断环境中的危险并做出应对，因而曾经看似安全的居室可能变得"陷阱重重"。在我国，跌倒是65岁以上老年人因伤害而死亡的首位原因，家中是老年人发生跌倒最普遍的地点。

此外，对儿童看护不当、老年人独居、成年人缺乏安全意识等都是伤害的"催化剂"。

2. 物品危险因素

家中物品众多，在给人们带来便利的同时也增加了家中的安全风险。

（1）装修装饰材料不环保

一些室内装修装饰材料可能释放甲醛、苯系物、氨、放射性元素等有毒有害化学物，危害健康。此外，这类材料一般为易燃物，一旦被引燃，可产生一氧化碳、氰化物等有毒物质，使人中毒。

（2）家具不稳固

大多数人选购家具时较多考虑其实用性、舒适性和美观性，而忽视其安全性。稳定性不好、未安装牢固的家具可能会发生侧翻或倾倒，导致严重伤害。

（3）家用电器不合格或使用不当

家用电器可能因内部元件故障、线路老化、使用不当等引发火灾。不合格的家用电器还存在漏电和爆炸的风险。

（4）厨卫用品存放、使用不当

厨房刀具、灶具等放置不当，可引起烧烫伤和锐器伤。消毒剂、清洁剂、管道疏通剂等化学品储存不当可导致误服中毒；使用不当可导致爆炸。

3. 环境危险因素

居家环境设计不合理与伤害的发生密切相关。

（1）照明不足

室内有照明不足的区域、灯具开关未安装在易触及处等，容易导致伤害发生。

（2）地面湿滑、不平整

地面不平整、有积水，地板不防滑，地毯不平整、卷边未固定等，容易导致伤害发生。

（3）通行有障碍

家中有门槛、台阶，过道中堆放杂物、有电线经过等，容易导致伤害发生。

（4）物品摆放不合理

将家具摆放在过道中妨碍通行、经常使用的物品放在高处等，都是导致伤害发生的危险因素。

（5）阳台和窗户无防护

家中阳台或窗户未安装安全护栏、安全锁扣，窗台周边堆放杂物、放置桌椅等，可能导致儿童攀爬并翻越窗户，发生坠落。

伤害是可以预防的，大家要时常对家中的危险因素进行评估，及时排除安全隐患，并通过改造居家环境和使用防护用品，降低伤害的发生风险，创造一个安全、温馨的家。

第二章

装修、布局与安全

居家环境是人们接触的最重要的环境，其卫生状况、安全性能对人们的健康和安全尤为重要。因此，在装修设计时，既要考虑居室的舒适性、实用性，也要考虑安全性和环保性。

不规范的装修和布局可能会导致中毒、跌倒、坠落、钝器伤（碰伤、砸伤等）、触电等伤害。比如：装修时使用不合格的建筑和装修材料，可能导致中毒；窗台高度较低且未在窗户上安装限位器、防盗窗等防护设备，可能导致坠落；地面不平整、存在高度差，可能导致跌倒；墙上物品固定不牢，容易导致砸伤；等等。

一、墙壁

1. 调整格局有讲究，墙体不可随意拆

家庭装修常会对原有的建筑格局进行改造，小到墙体、地面的开槽、钻孔，大到室内房间格局的调整。有时，调整室内格局需要拆改墙体，值得注意的是，有些墙体拆不得，否则会严重破坏楼房的承重能力，大大降低楼房的稳定性与抗震力，造成极大的安全隐患，造成不可挽回的严重后果。

2. 哪些墙体不能拆

（1）承重墙

承重墙是支撑着上部楼层重量的墙体，可以由钢筋混凝土构成，也可以是砖混结构，绝对不可以拆除。

（2）剪力墙

剪力墙又称抗风墙、抗震墙或结构墙，一般由钢筋混凝土构成，主要承受风力、地震等引起的水平荷载和竖向荷载（重力），防止房屋结构被破坏，不可以随意拆除。

（3）配重墙

房间与阳台之间的墙是配重墙。有些配重墙和承重墙相连，共同起承重作用，不能为了扩大室内采光面积而随意将之拆除。因为拆除配重墙可能导致"压住"阳台的墙体结构遭到破坏，使阳台的承重力大大削弱，发生开裂甚至坠落。

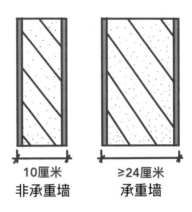

10厘米
非承重墙　　　≥24厘米
承重墙

3. 如何判断墙体是否为承重墙

（1）看户型图资料

在房屋户型图中，工程图上标注为黑色的墙体是承重墙，标注为白色的墙体为非承重墙。如果没有户型图，也可以提前与物业公司沟通，确认承重墙。

（2）看房屋的结构

一般来讲，砖混结构的房屋所有墙体都是承重墙，低矮的住宅楼、平房和别墅大多是砖混结构。框架结构的房屋外墙为承重墙，内部的墙体一般不是承重墙，高层电梯楼房框架结构居多。

（3）看墙体的厚度

非承重墙都比较薄，厚度一般为10厘米左右，而承重墙的厚度一般为24厘米以上。

（4）听敲击的声音

可以用小钉锤轻敲或手轻拍墙体，如果有较大的清脆回声，说明墙壁较薄，是非承重墙；敲击承重墙时，声音一般较小，且较为浑厚。

此外，因为承重墙是混凝土墙体，内部有钢筋，强度较大，用普通锤子不能轻易凿开，而非承重墙则较容易被凿开。

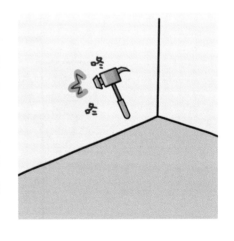

警示案例

2023年4月，黑龙江省哈尔滨市松北区利民学苑某栋楼3层的一位住户在装修房屋时，为追求更大的使用面积，使用挖掘机、铲车等擅自拆除多面墙体，其中包含一面承重墙，导致该楼4层、6层的部分墙体出现开裂。随后，小区的物业公司发布紧急通知，要求整栋楼约200户居民全部撤离。

4. 墙上物品固定好，防止掉落砸伤人

西安的一对夫妻在睡觉时被头顶坠落的空调砸伤；北京某户家中用胶水粘贴在墙上的大理石壁炉忽然脱落，砸死5岁女童；江苏某户家中用胶水固定的相框掉落，砸伤4岁女童……此类墙上物品掉落伤人的事件时有发生，究其原因，是安装不牢固。空调挂机、电视背景墙、石材壁画、大相框等墙上的大型装饰和设备，应用膨胀螺栓等固定效果显著的材料固定在承重墙等主体墙上，以保证安全。

5. 墙体平整不凸出，不碍通行免撞伤

墙体不可有明显凸出，尤其不要凸出于人经常通行的通道内；墙角最好进行圆角处理。墙面上的配电箱、电表箱、消火栓等突出物，应统一安排在不妨

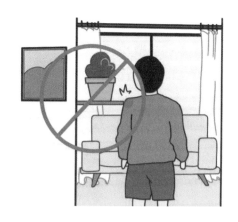

碍通行的位置。若必须凸出墙面，凸出部分不应超过20厘米，且突出物两侧应加设保护栏杆，以免人碰撞受伤。

6. 阳台承重有限度，不可随意改他用

阳台的承重性能与室内地面不一样，不能承受太大的重量。如果将阳台改作卧室、书房、厨房、储物间等，会使阳台承重超过其承载力，带来阳台倒塌、坠落的风险。因此，阳台用途不可随意更改。

7."面子工程"很重要，合格材料保健康

室内空气污染会对机体产生刺激，导致过敏、中毒等不良反应和健康危害，建筑材料和室内装饰材料中的有毒有害物质是室内空气污染的主要来源，常见污染物包括甲醛、苯系物、氨、放射性物质等，人如果居住在污染物超标的室内环境中，会出现头晕、头痛、咳嗽、胸闷、呼吸困难等症状，长期如此还会罹患慢性肺病和肺癌等疾病。

因此，大家在为墙面选用油漆、涂料、墙纸或瓷砖等装修材料时，要注意其有害物质限值是否符合现行相关国家和行业标准，对于列入国家强制性产品认证目录的溶剂型木器涂料、瓷质砖等材料，还需要经过国家3C认证。当然，除墙上的装修材料外，家中的家具、地板、黏合剂等也可能产生有毒有害气体，大家也应注意选用合格产品。

小知识

"中国强制认证（CCC）"是什么

强制性产品认证制度是各国政府为保护广大消费者人身和动植物生命安全，保护环境、保护国家安全，依照法律法规实施的一种产品合格评定制度，它要求产品必须符合国家标准和技术法规。强制性产品认证，是

通过制定强制性产品认证的产品目录和实施强制性产品认证程序，对列入目录中的产品实施强制性的检测和审核。凡列入认证目录内的产品，没有获得指定认证机构的认证证书，没有按规定加施认证标志，一律不得进口、不得出厂销售和在经营服务场所使用。国家强制性产品认证标志名称为"中国强制认证（China Compulsory Certification）"，英文缩写为"CCC"，也可简称"CCC"标志。

我国强制性产品认证制度自2002年5月1日起实施，2003年5月1日起强制执行。2020年，市场监管总局重新修订的《强制性产品认证目录》包含17大类103种产品。其中涉及装修装饰产品的包括：① 电线电缆（3种）；② 电路开关及保护或连接用电器装置；③ 低压电器（2种）；④ 照明电器（2种）：灯具、镇流器；⑤ 消防产品（3种）：火灾报警产品、灭火器、避难逃生产品；⑥ 安全防范产品（2种）：入侵探测器、防盗报警控制器；⑦ 建材产品（3种）：溶剂型木器涂料、瓷质砖、建筑安全玻璃；⑧ 家用燃气器具（3种）：家用燃气灶具、家用燃气快速热水器、燃气采暖热水炉。

二、窗户

1. 儿童跌落需警惕，加强防护才安心

儿童从家中窗户坠落导致严重后果的报道屡见不鲜，采取安全措施，可以防范跌落事件。

首先，如果窗台距离地面的高度低于0.8米，就应在窗户上设置防护设施，以免儿童爬上窗台，设施的高度不应低于0.8米。需要提醒的是，不宜在窗户边放置沙发、椅子等可供攀爬的家具。

其次，可在窗户上安装限位器，以限制窗户开启的程度。一般平开式窗户的开启宽度不宜大于30厘米，推拉式窗户的开启角度不宜大于30°。

第三，有儿童的家庭最好安装防盗窗，防盗窗的栏杆间距不应大于11厘米，以免卡住儿童头部。家长平时应定期检查防盗窗的牢固性，并教育儿童不可在防盗窗上玩耍。此外，防盗窗上要留有消防活动门，万一发生火灾可用来

逃生。

第四，使用时间较长的窗户存在掉落的风险，需要加强关注，一旦出现安全隐患，应及时维修、更换。

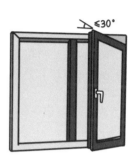

警示案例

2023年5月，湖南省沅江市某小区发生一起令人痛心的儿童坠楼事件。据知情者称，事发时大人正在家里做饭，4个孩子在防盗窗上玩耍。该小区住户安装的防盗窗均向窗外突出，底部没有支撑，悬在空中。两个年纪稍长的孩子感觉到防盗窗晃动后及时跳下，另两个孩子没反应过来，和防盗网一起掉落，女孩当场死亡，男孩经送医抢救无效死亡。

2. 玻璃爆裂易伤人，钢化玻璃更安全

窗户玻璃应选用3C认证的钢化玻璃。窗户玻璃爆裂事件时有发生，普通玻璃爆裂后会呈现出大块边角锋利的碎片，极易伤人，是居家安全的一大隐患。而钢化玻璃不仅在抗压、抗冲击等方面都优于普通玻璃，且爆裂后会呈现钝角颗粒状，不易对家人安全产生威胁。

此外，有儿童的家庭不应使用拉绳式窗帘，因为窗帘拉绳可能导致儿童绕颈窒息。

三、门

增设提示防误撞，门缝防护免夹手

玻璃门由于透明、采光效果好，受到越来越多家庭的喜爱，但也因其透明特性，容易被忽略而导致人员碰撞受伤。因此，如果使用玻璃门，应在其上增设醒目的提示标志，如在适当高度贴上装饰腰线等。玻璃门若使用不当容易发生爆裂，应经常检查其活动情况，一旦出现卡顿、错位等问题，应及时修复，以免因玻璃受力不均而发生爆裂。

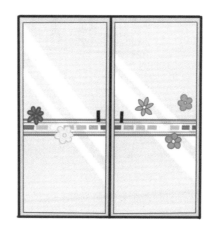

关门不慎，有时会夹到手指。特别是年幼的儿童可能会因为好奇将手指探进门缝里，或在大人关门时将手放在门框上，这些行为容易导致手指被夹伤。因此，有儿童的家庭最好使用防夹手防护条或门缓冲器等防护用品，以免儿童手指受伤。

四、地面

1. 地面平整无门槛，巧设坡道与警示

地面不平整主要由室内外高差大、室内不同铺地材质的接合、门框等造成。有时高差很小，但仍可导致儿童或老年人跌倒。因此，室内装修、改造时，应尽量避免出现不必要的地面高差，如果无法避免，应将高差控制在3毫

米以内。因地面铺设多种材质而导致有高差时，可统一拆除重铺，或者设置坡度不大于1∶20的坡道，并设明显提示标志。

移门、移柜等的地面轨道等构造宜嵌入地面。室内尽量不设门槛，过道地面与各房间地面之间不宜有高差。对挡水线等难以避免的高差，可张贴醒目的警示带提醒，或设置坡道加以缓和。

2. 室内地面要防滑，水油擦干免"丝滑"

室内地面铺设的地砖、地板要防滑，地面应保持干燥、整洁，如有水、油，应及时擦干。尤其对于厨房和卫生间等较为潮湿的空间，应选择即使有水也不易滑倒的地面材料，如人造石材、软木地板等表面较粗糙、摩擦系数大、冲击力吸收性能好的材料。卫生间除要选用防水、防滑的地面材料外，还应做到干湿分区，特别注意将洗浴湿区集中布置，并与坐便器、洗手盆等干区分开，减少干区地面被水打湿的可能。湿区可局部采用防滑地垫加强防护，同时合理设置地漏位置，使地面排水顺畅，避免积水。

3. 杂物电线"靠边站"，室内通道保畅通

不在通道地面上堆放杂物。对于家电的线路等，应通过合理设计电路进行集中整合，避免通道内出现电线而导致绊倒，尤其是临时使用的插线板电线应紧贴墙角、墙边走行，不可经过通道中间。

此外，若在地面铺设地毯或地垫，应保证其平整、没有褶皱或边缘卷曲，并使用防滑胶垫固定于地面以免滑动。

❀ 五、台阶与楼梯

台阶、楼梯是跌倒伤害的高发区域，合理设计和安全使用台阶、楼梯非常重要。

高差较小设坡道，高差较大设台阶

如果室内外高差不大于15厘米，应在出入口设置人行坡道，不可设置1级台阶，因为1级台阶高度差较小，通行人员不容易识别，发生绊倒、踏空的风险较大。如果室内外高差大于15厘米，应在出入口设置不少于2级的台阶进行过渡。室外台阶踏步宽度不应小于30厘米，踏步高度不应大于15厘米。台阶踏步应选用坚固、耐磨、防滑、无反光的材料，其末端与周围颜色的亮度、色泽或鲜艳度差异要大，以便识别。对于局部不易察觉的微高差处，应采用黄色警示条、加强照明等方式进行提示。为免绊脚，台阶前缘和防滑条不应凸出表面，如有凸出部分，其下缘应抹成圆角。

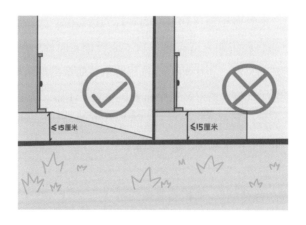

如果楼梯高度达到0.7米（一般为4～5级）且侧面凌空，应安装扶手。楼梯每个梯段的踏步高度、宽度应一致，相邻梯段踏步高度差不应大于1厘米。楼梯上照明要充足。

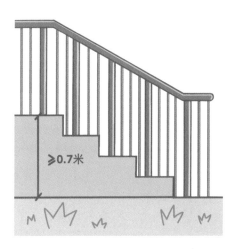

警示案例

　　80多岁的王奶奶有在公园晨练的习惯。一日，她在某公园廊亭内下台阶时摔倒，发生骨折。王奶奶的家人将公园告上法庭。园方认为，老人摔倒是因为年纪大和不小心，公园不应该担责。法院判决认为，我国公园设计规范里有明确规定，游人通行量较多的建筑，室外台阶踏步数不应少于2级，而该公园将廊亭的踏步数设计为1级，且无警示标志，未尽到安全保障义务，因此要承担60%的责任，赔偿王奶奶医疗费、精神抚慰金等共计4.6万余元。

　　因为少修一级台阶，造成游客人身伤害而摊上官司，且被判赔偿，这既让该公园长了教训，也给其他公园提了醒：任何公共设施都应严

格按照相关规定和标准修建，绝不能偷工减料，台阶一级都不能少。类似的案例在全国多有发生，2022年浙江开化的一位老人在景区游玩时摔倒致八级伤残，法院也以台阶设计缺陷为依据，判决景区向其赔偿10万元。

"小事中见精神，台阶上有责任。"包括各公园在内的公共场所，无论新建还是继续建设，都应做到科学规划、严密论证、规范施工，把问题消除在萌芽状态，不留"先天性缺陷"。同时，不妨邀请市民和专业人士，对园内公共设施的安全性、规范性、科学性进行一次盘查，及时修缮或改进，防患于未然。台阶一级不能少，路面一坎不能多。

六、栏杆与扶手

栏杆与扶手可以在阳台、天井、走廊、屋顶平台等高处提供屏障作用，防止坠落；也可以在人们上、下楼梯时，帮助分担体力负荷，减轻疲劳，降低跌倒风险。

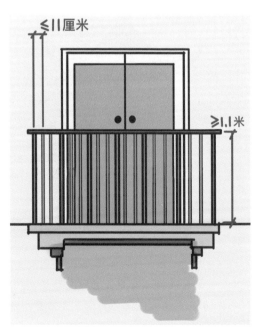

2022年的《民用建筑通用规范》规定：阳台、外廊、室内回廊、中庭、内天井、上人屋面及楼梯等处的临空部位应设置防护栏杆（栏板），栏杆（栏板）垂直高度不应低于1.1米，栏杆间净距不应大于11厘米。栏杆高度的开始计算部位应从栏杆下部可踏部位算起，以免因地面材料加厚或抬高而造成栏杆实际高度降低。设置防护栏杆时，应注意采用避免儿童攀登的构造，使用坚固耐久的制作材料，安装要牢固，并确保其能承受一定的水平荷载。若采用玻璃制作防护栏杆，必须采用夹层玻璃或钢化夹层玻璃。

楼梯扶手高度不宜低于0.9米，如果家中有儿童，将楼梯扶手的高度定为1～1.1米为佳，垂直杆件间净距不应大于11厘米。应确保扶手安装牢固，且定期检查，如有破损及时修复。

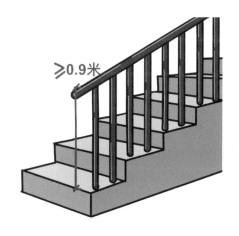

警示案例

由于父母常年在外地打工，时年2岁的男孩小伟随奶奶在老家生活。2013年11月的一天，小伟在3楼的房间里玩耍，奶奶在1楼的厨房里洗碗。洗着洗着，奶奶听到"扑通"一声，连忙走出厨房察看，发现小伟仰面躺在天井的水泥地上。看到完全陷入昏迷的小伟后脑勺不断流出血来，奶奶急得蹲在地上哭喊。邻居成女士正好来串门，见此赶紧拨打"110"求助。民警接警后立即将小伟送到医院急救，但最终小伟因脑部伤势过重，抢救无效死亡。小伟的家人认为，小伟可能是从3楼钻出楼梯扶手，一脚踩空掉落至1楼天井的，扶手栏杆间距过大埋下了这场悲剧的"祸根"。

❄ 七、灯具

足够的照明可以让人们在黑暗中看清周围的环境和障碍物，从而减少跌倒及其他伤害的发生风险。此外，适当的照明还可以增强人们的注意力和警觉性，有助于发现并降低潜在的伤害风险。

1. 室内照度要适宜

光线过暗或过亮都不利于人们看清周围环境和障碍物。在需要照明的地方，应安装足够的灯具。安装灯具时，灯泡距地面的高度不应低于2米。如果不得不低于2米，应采用必要的防护措施，在人可能会碰撞到灯泡的地方，加设网罩防护。灯具上方还应该保持一定的空间，以利于散热。暗装灯具及其发热附件的周围应使用阻燃材料，旁边不要放置易燃物。同一视野内与相邻空间的照度应一致。注意定期检查灯具，确保其正常运行并能提供足够照明。

2. 室内照明防炫光

炫光对人眼有一定危害，居室内照明可采用以下方式减少炫光：尽量使用间接照明，不使用裸露的灯泡或灯管；采用多光源，避免一室一灯产生阴影和炫光；避免大面积使用反光材料，减少其反射光所造成的炫光危害。

3. 灯具设置人性化

灯具的开关设置应根据家人的行为模式和使用习惯，综合考虑其形式、高度及位置。比如：在玄关安装一个感应灯，可在门打开时自动亮灯；在过道两端、楼梯两端分别设置双向控制的开关；卧室灯的开关设置多点控制，在床头和入口处都设置双向控制的开关。

八、插座

插座是家用电器必不可少的"搭档"。使用不合格的插座，或不规范使用插座可能导致触电、火灾等危险。在选用插座时，应注意以下细节。

1. 选用合格产品

一定要选用取得"CCC"标识的新国标插座，避免使用国家禁止生产的万用孔插座。新国标插座的三相插孔与两相插孔分开，有5个孔；而万用孔插座的三相插孔与两相插孔合在一起，只有3个孔。符合国家标准的插座做工佳、分量重，且插、拔插头时能感觉到插孔内部铜片的弹性。

万用孔插座与合格插座对比图

万用孔（旧国际孔）　　新国际组合插孔

2. 注意防水

对卫生间、厨房的电源插座，应安装防水罩或选择防水插座，以免水滴溅入或水蒸气进入插座造成短路。最好在卫生间安装带有开关的插座，以免因湿手拔、插电器插头而引起触电。

3. 避免过载

插座都有额定电流，不能超负荷使用，否则不仅会使插座发热，还会损坏电器，甚至引发火灾。

4. 出现异常及时更换

当插座出现温度过高、接触不良、插头插入时过松或过紧等现象时，应停止使用，及时更换。

警示案例

2022年11月某日19时49分许，新疆维吾尔自治区乌鲁木齐市天山区吉祥苑小区一栋高层住宅楼15层起火，火势蔓延至17层，烟气扩散至21层。当天22时35分许，现场明火被扑灭。伤者因吸入有毒烟气被紧急送往医院救治，10人经抢救无效死亡，9人发生中度吸入性肺损伤。经现场勘查和当事人陈述，初步确定火灾由家庭卧室插线板起火引发。

第三章

家具与安全

家具是室内环境的重要组成部分，可为人们提供休憩、收纳、分隔空间、环境美化等功能。消费者选购家具时，除要考虑实用性、舒适性和美观性外，也要考虑其安全性，选择质量合格、牢固、符合人体工程学的家具。此外，摆放家具时要考虑家中空间布局，不占用、不凸出于人行通道，且稳定牢固。

一、沙发

家中使用的沙发应确保结构安全，各个部位不能有凸出物和毛刺等，还应具有抗引燃性。沙发座宽、座深、座高、靠背、扶手、座面倾角、靠背倾角等应符合人体工程学，坐垫填充物要有良好的支撑性、回弹性和透气性，便于人们入座和起身。老年人常用的沙发最好设置助起扶手或采用电动助起。

二、椅凳

1. 选用椅凳，如何确保安全

选购椅子、凳子时，应确保其最大承重能力合适、稳定性好。对购买后需要自行组装的椅子、凳子，应按照使用说明书进行装配，并确保所有螺栓、螺母、支架等部件完全固定。在日常使用过程中，要经常检查椅子、凳子的结实程度，如果发现任何损坏或松动，应立即停止使用，并尽快修复或更换。可以在居室玄关处靠墙放置方便入座与起身的换鞋凳。

2. 如何选择适合老年人的椅子

老年人因体质原因，选择座椅时更需注意其安全性能，尤其应注意以下几点。

① 老年人应选用有靠背的椅子，不宜选择凳子，因为坐在凳子上背部没有托靠，久坐后易导致腰部肌肉劳损，增加跌倒的发生风险。

② 老年人应选择有扶手的椅子，借助扶手，老年人坐下和起身时可以更好地控制自己的动作。

③ 椅子的高度应与膝盖以下下肢高度相当，即坐在椅子上时，脚正好可

以平放在地上。

④ 椅子的重量应适宜，如果太轻，则很难保持稳定性，尤其在人坐下时容易发生滑动。

⑤ 老年人应避免选择带滑轮的转椅，因为转椅稳定性差，在老年人坐下和起身时会发生滑动，容易导致坐空或跌倒。

3. 如何选择适合学生的课桌椅

由于使用对象和使用功能的特殊性，学生课桌椅在安全性上有更高的要求。

① 翻板装置应设有缓冲或阻尼装置。

② 所有无覆盖的孔洞直径应≤5毫米或≥25毫米。

③ 与人体接触的座面、椅背和扶手等边缘处倒圆角的半径不应小于2毫米。

④ 与人体接触和存放物品的部位不应有毛刺、刃角、锐棱、透钉及其他尖锐物。

⑤ 可调节高度的升降式课桌椅应设有锁定装置或限位装置，且该装置应灵活、可靠、安全。

三、柜子

家中柜子倾倒导致儿童伤害甚至死亡的事件屡有发生，国家质检部门也因

此多次发布消费警示，并要求生产销售部门召回此类存在安全风险的产品。很多人认为，木质抽屉柜等本身很重，一个成年人都难以搬动，所以孩子根本无法使其翻倒。实际上，抽屉柜的重量中相当大的一部分是抽屉的重量，在抽屉打开的状态下，整个柜体的重心会发生移位，此时如果有人将手或身体压在抽屉上，就极有可能使抽屉柜倾倒，造成严重的伤害。

以下几种情况可能导致翻倒事件：产品自身设计不合理（如占地面积小、头重脚轻等）、在倾斜或不稳定的表面（如地毯）上使用、未使用防翻倒装置、使用的翻倒保护装置有缺陷、顶部放有重物、打开多个抽屉、与其他家具组合在一起（如将电视机或电器放置其上等）。

因此，一定高度的储物柜、书柜等柜子应与建筑物连接在一起。我国实施的儿童家具强制性国家标准明确规定，所有高桌台及高度大于60厘米的柜类产品，应提供将产品固定于建筑物上的连接件。除固定外，在柜子中放置物品时，应将重物放在低处，使柜子的重心降低，增强稳定性。为免儿童夹伤手部，最好在柜门、抽屉开口处安装缓冲器等防夹手装置。

此外，橱柜是厨房的重要组成部分，其材料应具备防火、耐热、防潮性能。悬空的吊柜应安装在承重墙上，且下部要做防撞处理，以免人经过时撞伤头部，过重的物品不宜在吊柜内存放，宜放在地柜的底层，以免掉落。

四、床

许多家庭在挑选儿童房家具时，会优先选择双层高低床，尤其是多孩家庭。高低床非常实用，可大大节约室内空间，其因高颜值也深受儿童的欢迎。但双层高低床的安全问题不容忽视，因为高低床上铺高度较高，若孩子在上面玩耍、睡觉时或在上下床过程中发生跌落，极易导致受伤甚至死亡。

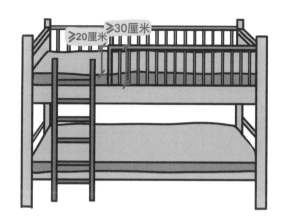

因此，在选购和使用双层高低床时，尤其要注意确保其安全性能。上铺的四周都应装有安全栏板。根据国家标准《家用双层床 安全》（GB 24430.1—2009）和《家具 床类主要尺寸》（GB/T 3328—2016），上铺安全栏板的顶边与床铺面上表面的距离应不小于30厘米，铺上床褥之后，床褥上表面与安全栏板的顶边距离应不小于20厘米。在床的相应位置还应标有安全警示永久性刻度线，提醒使用者床垫不宜太厚，以免使栏板实际高度不足。栏板高度一定要达到标准，许多发生在校园里的学生从上铺跌落案例多因栏板高度不够，或床褥太厚导致栏板实际高度不够而引发的。

此外，在选购和使用双层高低床时还应注意以下细节。

① 安全栏板的中断长度不可过长。安全栏板的一条长边可能被床梯完全中断，6岁以下儿童用床的中断长度应为30～40厘米，成人用床的中断长度应为50～60厘米。

② 床梯的脚踏板要安全可靠，有防滑设计。

③ 边角应经过倒圆处理，不应有刃口和毛刺。

④ 双层床所带的抽屉应有推拉防脱离装置。

⑤ 若自行安装高低床，应按照使用说明书进行，确保所有螺栓、螺母、支架等部件固定牢固，没有松动和缺失。

⑥ 定期检查高低床，一旦发现任何损坏或松动，应立即停止使用，并尽快修复或更换，确保其稳定性和安全性。

⑦ 在上铺玩耍、嬉闹非常危险，家长应加强对孩子的教育和监管。

警示案例

　　2022年12月某日凌晨，苏州的一名大一学生在宿舍睡觉时从上铺摔下来，后脑勺着地，经过60多个小时的抢救，最终不幸离开了人世。上铺护栏净高不足是这场悲剧的"元凶"。该学生的母亲向新闻记者表示，她后来测量孩子宿舍的床铺发现，上铺护栏净高只有11厘米，还有些倾斜，不符合国家标准规定的"不小于30厘米"。

第四章
家用电器与安全

如今，家用电器已经成为每个家庭必不可少的消费品，与日常生活密切相关。然而，在为人们带来许多便利的同时，家用电器也增加了家庭中的安全风险。如果家用电器质量不过关或人们使用不当，就可能引发火灾、触电等危险。2022年1—9月全国共接报火灾63.68万起，其中电气火灾的占比高达31.3%。电气火灾是指由电能充当火源而引起的火灾，主要发生在建筑物内，扑救时存在触电、爆炸等危险，相对其他火灾危害性更大。因此，家用电器的科学选购与合理使用对预防危险发生十分重要。

一、家用电器所致伤害的常见类型

（1）烧烫伤

接触家用电器的高温部位可能导致烧烫伤。

（2）触电

接触漏电的家用电器可能导致触电。

（3）火灾

家用电器温度过高而引燃周围物质、长时间处于工作状态而发生自燃、电路问题，以及燃气泄漏等，均可能引发火灾。

（4）钝器或锐器伤

家用电器摆放不当或防护设计不合理，如家用电器易发生倾倒或存在尖锐的边角等，可能导致砸伤、划伤等。

（5）窒息或中毒

家中燃气发生泄漏，在空气中达到一定浓度可使人窒息；燃气中的一氧化碳有毒，其在室内空气中达到一定浓度还会导致中毒。

二、选用家用电器的注意事项

首先，应通过正规渠道购买获得中国强制认证（"CCC"）的合格产品，最好选择值得信赖的品牌，并在购买前仔细检查产品的铭牌、说明书，确保其清晰地标明产品名称、规格型号、制造商名称及地址、执行标准、生产许可证等。购买时应向经营者索取发票或其他购物凭证，作为日后维权的重要凭证。

其次，使用家用电器前应仔细阅读产品使用说明书并严格遵守，尤其是其中的安全注意事项。

第三，保护家用电器就是保护自己的安全。家用电器要经常保养，不宜超期限和超负荷使用，也不能受潮，以免发生短路、漏电、过载和老化而引发电气火灾。

三、燃气灶与热水器

1. 烧伤中毒太危险，选购使用多把关

燃气灶和热水器是现代家庭中必备的产品，燃气灶按照燃气类别可分为人工煤气灶、天然气灶和液化石油气灶，热水器则主要包括燃气热水器和电热水器。2019年前三季度的产品伤害监测数据显示，热水器造成的一氧化碳中毒事件达190起，其中中重度伤害达40%以上。

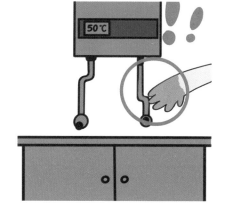

（1）烧烫伤

接触明火、温度过高的燃气灶或热水器，可能导致烧烫伤。

（2）电烧伤

以下这些情况可能导致漏电，使人触电而发生电烧伤：热水器的电气绝缘不够，或液体泄漏影响电气绝缘；接地措施不合格，缺少螺丝的防松措施，在运输、搬动的过程中导致接地措施松动，造成接地措施连接不良；电热水器中的镁棒更换不及时，造成内胆腐蚀。

（3）火灾

燃气发生泄漏，遇明火可能引发爆炸和火灾。

（4）窒息

燃气管线损坏、老化或使用不当，可能会使燃气泄漏，泄漏的燃气在空气中达到一定浓度可使人窒息。

（5）中毒

一氧化碳是燃料燃烧时释放的一种有毒气体，在燃气泄漏等使燃烧不充分的情况下，烟气中的一氧化碳更多，达到一定浓度时可引起人体的中毒反应。一氧化碳中毒冬季高发，后果严重。

2. 燃气为何会发生泄漏

（1）人为原因

① 非正规改造燃气管道造成燃气泄漏或留下隐患；

② 缺少"两道阀门"（灶具开关和灶前燃气管道阀门）意识，忘记关闭阀门或阀门关闭不严；

③ 使用无熄火保护装置的灶具时，燃气火焰被汤水熄灭或被风吹灭。

（2）非人为原因

① 管道泄漏，多由于周围环境潮湿而使管道外壁锈蚀穿孔；

② 接口、阀门泄漏，多由磨损、腐蚀、密封材料老化等诱发；

③ 胶管出现问题，包括连接处老化、龟裂，或胶管超期（18个月以上）使用而老化、变硬，受外力作用松动脱落；

④ 老旧灶具零部件出现问题（燃气灶具使用年限为8年）。

警示案例

2020年12月19日晚，江西省吉安市的一家四口长时间使用燃气热水器洗澡后发生一氧化碳中毒，不幸全部身亡。

2021年3月1日，在浙江省台州市的一间出租房内，由于房东未正确安装燃气热水器，租客3岁的孙子在洗澡时因吸入泄漏的煤气而不幸中毒身亡。

2023年1月5日，湖南省岳阳市公安局接群众报警称，云中北路的一间出租房内有人疑似煤气中毒身亡，民警第一时间赶赴现场处置。初步认定该起事件为长时间使用热水器导致一氧化碳中毒，出租屋内5人全部死亡。

3. 燃气灶和热水器，选购有学问

（1）燃气类型要清楚

在购买前，应先了解家中的燃气是哪一种类型，选择与家中燃气种类匹配的燃气灶和燃气热水器。

（2）保护装置要齐全

选购具有熄火保护装置的燃气灶，若使用时火焰意外熄灭，可在60秒内自动切断燃气。选购电热水器时，应选择使用功率与家庭电源配置匹配的产品，并注意产品应具有接地保护、防干烧、防漏水等安全保障功能。

（3）禁用产品需了解

不要购买和使用国家明令禁止的直排式燃气热水器。

4. 燃气灶和热水器，使用有讲究

（1）安装有要求

燃气灶和热水器应由专业人员进行安装，热水器安装的位置要保持通风良好。

（2）使用有年限

燃气灶、热水器的使用年限一般为8年。需要提醒的是，胶管应每18个月更换一次，以免出现龟裂、老化、发硬、发脆等问题，最好使用金属波纹管。

（3）谨防燃气泄漏

定期检查燃气管线的连接处是否漏气，以及连接管线是否存在老化、损坏等情况，可加装燃气泄漏和一氧化碳报警装置。使用燃气灶时，不能远离厨房，以免锅中液体溢出导致火焰熄灭，进而发生燃气泄漏。使用完毕后应及时关闭灶具开关、灶前阀。使用燃气灶和燃气热水器时，要注意开窗通风。

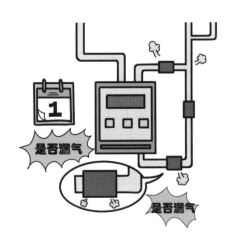

（4）附近勿放杂物

燃气灶、热水器工作时会产生大量热量，这可能会导致附近的物品起火，故应避免在其附近存放杂物，尤其是易燃物品（如油漆、汽油、火柴等），以免引发火灾。

（5）定期检查

应定期对电热水器进行排污。对使用镁棒的电热水器，在排污时应检查镁棒是否需要更换，一般情况下，镁棒每1～2年需要更换一次。定期检查漏电保护装置，可每月检查一次漏电保护插头上的"测试键"，确认其正常工作。

小知识

发生燃气泄漏怎么办

一旦怀疑家中发生了燃气泄漏，应先关闭燃气总阀门，立即打开门窗，保持室内外通风，疏散室内人员。在此期间，不要打开或关闭任何电器（包括灯具等），也不要在室内使用手机，应及时到户外拨打抢修电话，待专业人员进行处理。

四、微波炉和烤箱

1. 操作很简便，细节勿忽视

微波炉利用微波能量加热食物，烤箱通过内部的电热元件加热烘烤食物。它们都是人们经常在厨房中食用的电器，操作简单，但正因为操作简便，人们使用时容易忽视一些细节，导致危险。

烧烫伤是微波炉和烤箱在日常生活中比较容易造成的伤害。触碰微波炉或烤箱的高温部位或内部的高温容器等，都有可能导致烧烫伤。更可怕的是，不当使用微波炉可能导致起火或爆炸，并引发火灾。长时间使用烤箱而不加以清理，会导致烤箱内油渍累积，在这种情况下继续使用可能会产生明火，如未及时发现，还可能引发火灾。

2. 微波炉和烤箱，选购有学问

选购微波炉和烤箱，应选择外观平整，门封关合严紧、开合自如的产品。双层甚至多层玻璃门的烤箱比单层玻璃门的烤箱隔热效果更好，烤箱门外的温度也相对更低。

3. 微波炉和烤箱，使用有讲究

（1）炉内物品有要求

不是所有的容器、食物都可以放入微波炉内进行加热，在使用微波炉加热前应确认其可以在微波炉中加热（详见"小知识"）。需要提醒的是，应避免不放入任何食物让微波炉空转，因为空转容易使微波炉发生自燃。

（2）加热时间要控制

微波炉的加热效率高，长时间的微波加热除会使食物变得干、硬外，还可能使食物产生毒素。

（3）清洁工作要做好

每次使用结束后，均应对烤箱和微波炉进行清洁，以免箱壁和烤箱的烤盘、烤网上堆积的油渍在加热过程中引发明火。

（4）周围空间要保留

微波炉和烤箱在使用时会产生高热，所以需要摆放在干燥、通风的位置，并与墙体保持至少5厘米的间距，不能用物品遮盖微波炉或烤箱的通风处，也不能在其上方及周围放置物品，以免引发火灾。

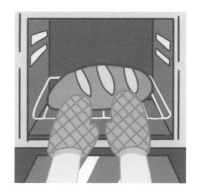

（5）拿取物品莫大意

微波炉和烤箱工作结束后，应戴上隔热手套小心地打开炉门或箱门，以免在开门时被加热过程中产生的水蒸气烫伤。

4. 哪些物品不能放入微波炉中加热

微波加热可引燃甚至导致火灾的物品包括纸袋、报纸、金属制品、塑料制品、锡纸、牛奶盒、油炸食品等。

（1）纸质和金属制品

在微波炉的加热过程中，纸质物品和金属制品可能发生起火，严重时甚至会引发火灾，故任何纸质物品和金属制品都不应放入微波炉中加热。值得注意的是，锡纸含有金属，而大多数牛奶盒为纸质或塑料，甚至内衬锡纸，不能放入微波炉中加热。

（2）油炸食品

油炸食品富含油脂，微波炉加热产生的高温会使油滴飞溅，可能产生明火，从而引发火灾。

（3）部分塑料制品

微波炉加热产生的高温除会使很多塑料制品起火外，还会使它们变形、发生化学变化，释放有毒有害物质，带来食品安全隐患。只有材质为聚丙烯（PP）或明确标注"可微波加热"的塑料制品才能放入微波炉中加热。这种塑料制品一般带有"PP"标识，且塑料回收标志中的编号为5。

（4）封闭容器、带壳食物

封闭容器、整颗鸡蛋、板栗，以及表皮完好的完整水果等有密闭空间的物品放入微波炉中进行加热时，高温产生的水蒸气可能会在局部产生高压而造成爆炸。因此，在使用微波炉加热类似物品时，应先将食物的壳戳破或切开、封闭容器打开。

（5）辣椒

将辣椒放入微波炉中加热的危险在于，打开微波炉的那一刻，辣椒受热散发的化学物质会刺激双眼和呼吸道。

（6）清水

在微波炉中被加热时，清水虽然温度升高，但不会流动，因而有可能已经超过沸点却不沸腾，此时端起水杯可能引发暴沸甚至爆炸。

五、电熨斗

1. 不仅高温会伤人，砸伤风险也很大

电熨斗是熨烫衣料，使衣服和布料平整的电器。家庭中常见的电熨斗包括调温型、蒸汽型、蒸汽喷雾型等。额定功率为300瓦的电熨斗工作时底板温度可达700℃，功率越大、通电时间越长，温度就越高。

（1）烧烫伤及火灾

工作中的电熨斗温度很高，可能会导致烧伤或烫伤。将工作中的电熨斗长时间放置在衣物上，可能会引燃衣物，进而导致火灾。

警示案例

浙江省温州市一民房起火导致4人死亡、1人受伤。经调查，该事故原因为电熨斗发烫引燃木板。由于电熨斗长时间通电，里面的水被烧干，引燃了电熨斗下面的木板，最终导致火灾发生。

（2）钝器伤

挂烫机作为电熨斗的一种类型，由于操作相对方便、快捷，成为越来越多家庭的首选。值得注意的是，稳定性不合格的立式挂烫机可能发生翻倒，存在砸伤人的风险。

● 延伸阅读

连续三年抽检不合格率偏高 挂烫机被央视点名

根据央视报道，挂烫机在连续三年的国家质量抽检中不合格率偏高。专家经过检测发现，不少挂烫机产品顶部的设计非常不合理，有头重脚轻的现象。例如，有些挂烫机顶部的挂架、熨烫板高度较高且较重，容易导致产品稳定性失调。消费者一旦购买稳定性和机械危险项目不符合国家标准要求的产品，使用时不仅有可能发生伤害，还存在触电伤亡的风险。

2. 电熨斗选购有学问

在挑选电熨斗时，最关键的是安全性，最好选择具有自动关熄、防干烧保护功能的蒸汽电熨斗，以保障使用安全。如果购买立式挂烫机，应关注其稳定性，查看是否存在头重脚轻的问题，使挂烫机倾斜一定角度（10°左右），测试其是否会倾倒。

3. 电熨斗使用有讲究

（1）使用过程不离人

使用电熨斗的过程中不得离开，若需离开或在使用时突然停电，应及时拔掉电源线插头，切断电源。家中如有儿童，家长应确保他们远离工作中的熨斗，避免误碰或挂烫机翻倒造成伤害。

（2）操作使用应正确

使用电熨斗时，不要用手触碰熨斗的底板、热水或蒸汽，以免烧伤或烫伤。若使用蒸汽电熨斗或装有喷水装置的电熨斗，在给水箱注水前应拔掉电源线插头，切断电源。

（3）使用放置要稳固

电熨斗应在稳定的平面上使用和搁置，以免发生跌落导致烧伤和砸伤。

（4）冷却之后再收存

使用结束后，应及时拔掉电熨斗的电源线插头，将熨斗放置在安全的位置进行冷却，待其完全冷却后再收存。

六、电暖器

1. 寒冷季节添温暖，规范使用才安全

电暖器是以电能为主要能源，将之转化为热能的取暖装置，使用电阻加热、感应加热、红外线加热等方式，通过直接接触、暖风对流、远红外线辐射

等途径为人体供暖。目前市场上的电暖器类型主要包括电热油汀、电热膜、碳纤维、对流式快热炉、暖风机和小太阳。许多没有暖气的家庭选择电暖器，在寒冷的冬天增添温暖。不过，如果没有规范使用，电暖器就成了危险的来源。

不合格的电暖器有漏电的风险，可能导致电烧伤。电暖器功率大，表面温度高，若不小心碰到，容易造成烧烫伤。此外，如果电暖器上覆盖易燃物（如衣服、毛巾等），或家中存在电线老化问题，则会引燃物品，甚至发展为火灾。

警示案例

2022年12月，湖南省怀化市芷江侗族自治县巴黎春天小区一住宅内，由于天气寒冷，住户使用电暖器给孩子烘烤衣物引发了火灾。

2022年1月，据美联社等多家媒体报道，当地时间一个周日上午，美国纽约市发生一起30多年来最严重的火灾。布朗克斯区一栋19层公寓楼发生的大火已造成19人死亡（其中包括9名儿童），63人受伤。当地消防官员表示，初步调查表明这场火灾或因小型取暖器故障引起。

2. 电暖器选购有学问

（1）安全性能第一位

选择安全性能高、有过热保护和自动断电功能的电暖器，避免漏电等问题。例如，选购小太阳电暖器时，应检查是否配置倾倒开关，选择在其倾倒后能自动断电、扶起后自动恢复通电状态的产品。此外，还应检查防火罩是否牢固，以免使用时触及电暖器内的高温或带电部件，可将手放在距离防火罩0.5米处1分钟，合格产品不应使人感到灼痛。

（2）功率线路相匹配

由于电暖器的功率较大，购买时应了解电暖器的功率，选择与家用线路承受能力相匹配的产品。

（3）浴室使用要防水

若在浴室等潮湿或容易发生水滴飞溅的环境中使用电暖器，应选择防水级别高的产品。

3. 电暖器使用有讲究

（1）清理检查不可少

在使用长时间闲置不用的电暖器前，应对其进行清理，并检查电暖器设备和电路是否老化、开关等是否完好，若有安全隐患则及时请专业人士进行修理。

（2）三孔插座准备好，避免电器同使用

使用电暖器应选择合格的带地线的三孔插座，否则存在漏电风险。应尽量避免同时使用电暖器与其他大功率电器，以免出现电路问题。

（3）周围不宜放物品

使用电暖器时，不能将电暖器倒置，也不要在电暖器周围放置或覆盖其他物品，如衣服、毛巾、打火机、花露水、空气清新剂等，电暖器的表面温度较高，有引燃周围物品的风险。

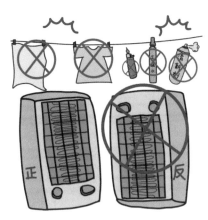

（4）使用距离要保持

使用电暖器时，应与之保持一定的距离，以免烧伤。儿童及行动不便的老人应在家人监护下使用电暖器。

（5）人走断电防意外

人离开电暖器时应及时断电，以免

电暖器因长时间工作而过热，引发火灾。

小知识

电暖器起火，应如何正确处理

如果电暖器发生起火，应先切断电源，再用干粉灭火器扑灭，切勿用水灭火。

七、电风扇

1. 暗藏伤人风险，不仅"咬人"还会"喷火"

电风扇是一种利用电机带动扇叶转动、在一定空间内形成空气流动的电器，主要发挥加速空气流通、降低室内温度的作用。家用电风扇包括吊扇、台扇、落地扇等多种类型。除常见的风扇类型外，现在市面上也有越来越多新型的便携小风扇。无论是哪一种电风扇，都可能在某些情况下对人体造成危害。

（1）割伤

一般落地电风扇都有防护网罩，不符合国家标准的产品防护网罩间隙较大，儿童可将手指穿过防护网罩从而被转动中的扇叶割伤。

由于可以让人随时随地感受风扇的凉爽，便携式小风扇在夏季的销量十分火爆。一些小风扇外形较为可爱，容易被孩子当成玩具玩耍，存在割伤手指的风险。

此外，当人们在吊扇周围活动时，也可能不慎被转动中的扇叶割伤。

警示案例

2022年8月27日，福建省漳州市一名15个月的宝宝因好奇将手伸入运转的风扇中。家人发现时，宝宝的左手食指、无名指的末节指头已经被风扇绞断。

（2）起火或爆炸

一些便携式小风扇使用的锂电池可能含有伪劣零部件，可能造成起火或爆炸。

● **延伸阅读**

便携风扇销售火爆　安全隐患不容小觑

2021年8月，便携式小风扇使用风险曝光，部分产品或造成爆炸起火。国家家用电器质量监督检验中心的检测报告显示，此次检测锂电池常温外部短路指标的70批次产品中，不符合率为17.1%。尽管不符合率不高，但相关专家仍然指出，便携式小风扇锂电池常温外部短路的风险评级为中高风险。

（3）头皮损伤

便携式小风扇中的挂脖式小风扇可能会将头发卷入，使其缠绕在扇叶上难以拔出，可能因暴力拉扯头发造成头皮损伤。

挂脖式小风扇的设计初衷是为了"解放"人的双手，但有媒体记者探访发现，一些小风扇的扇叶位置等设计存在安全隐患。在记者使用这种小风扇的过程中，由于小风扇与头发的距离过近，几缕头发被卷入了小风扇背部。而且因扇叶做工不精细、表面粗糙，记者在头发被卷入后，用了很长时间才将头发解开。国家家用电器质量检测中心公布的数据显示，挂脖式小风扇的合格率约为81.4%，但因产品设计和用材等问题，存在卷入头发的风险，严重时可能造成头皮损伤。

2. 电风扇选购有学问

（1）防护网罩间隙小

挑选电风扇时，可用手指试触，选择手指无法通过防护网罩间隙伸入的产品。

（2）稳定性佳不翻倒

选购电风扇时，应确保其稳定性佳，选择在转动、俯仰时不易翻倒的产品。

（3）外观平整且干净

选购电风扇时还应注意其外观。电风扇外表面应光滑、平整且色泽均匀，塑料部分不应有明显的斑痕、划痕和凹凸，金属及电镀部件表面不应有斑点、锈渍，网罩和扇叶不应发生变形等。

3. 电风扇使用有讲究

（1）家有儿童需看护

如果家中有孩子，应将电风扇放在孩子触碰不到的地方，并加强看护。家长还应告诫孩子不要触碰运行中的电风扇。

（2）吊扇安装留距离

吊扇的安装位置应与人的活动空间保持一定的距离，以免误碰割伤。

（3）切断电源再移动

如果需要挪动电风扇或在吊扇周围活动，应先切断风扇的电源。

第五章

厨卫用品与安全

厨房和卫生间是家中各类伤害高发的地点，相较于客厅、卧室等，其安全隐患更多、伤害类型更复杂。因此，大家不仅需要掌握相关知识，了解潜在的危险，创造安全环境，养成良好行为习惯，还要注意对儿童及行动不便的家人进行教育和看护，让他们远离危险。

一、安全的厨房应具备哪些要素

1. 合理的动线
人在厨房活动的路线一般为"取—洗—切—炒—盛"，根据这一动线规划相应的操作区域。

2. 充足的照明
除顶部基础照明外，还可在厨房增加橱柜补充照明。

3. 防滑的地面
厨房地面宜铺设防滑地砖。

4. 高度合适的操作台
根据身高确定合适的操作台高度，操作台和洗菜区可以保持10～15厘米的高度差。

5. 良好的通风
厨房应有自然通风，在改造户型结构时尤其应注意。

二、防切割伤

切割伤是厨房中的常见伤害。在日常切菜、切水果时，谁都无法保证不会发生"不小心"被割伤的情况，但养成良好的习惯，正确使用刀具，可以让这些情况的发生概率大大降低。

1. 锋利的刀具其实更安全

人们或许经常听到"切伤手是因为刀太快了"的说法，但实际上，锋利的刀刃通常比钝的刀刃更安全、更不易伤手。这是因为，使用锋利的刀具更有利于人们控制刀刃。刀不够锋利往往会使操作者施加更大的力，因而更容易失去对刀的控制，而锋利的刀因为更省力，发生手滑切到自己的风险更小。同时，锋利的刀也不容易被食材卡住或使食材滑动。因此，保持刀具锋利，不仅省时、省力，还更加安全。

2. 根据食材类型选择合适刀具

为确保使用的刀具更称心、适手，对不同大小和类型的食材，需要使用不同的刀具。最好准备3把切片刀，分别用于切蔬菜、生肉和熟食，还应准备1把砍骨刀，用于处理骨头等坚硬的部分，用切片刀切骨头会导致崩刃。水果刀和厨房剪也是必不可少的刀具。同时，刀具要适手，如果一把刀用起来不顺手，就应立即更换。需要提醒的是，切不可用美工刀和刀片代替厨房刀具，因为这样不仅容易导致切伤，若刀片断裂飞出，还可能造成更严重的伤害。

3. 安全用刀具，细节记心间

（1）妥善保管刀具

每次用完刀具后，应擦洗干净并妥善放置。刀具应放置在刀架上或专用的抽屉、工具箱内。如果家中有儿童，应将刀具放在孩子触碰不到的地方，抽屉需要上锁。注意刀刃不要朝向人。

（2）保持刀刃锋利

如果刀具变钝，应适当打磨。生锈的刀具不仅变钝，还不卫生，可通过打磨、浸泡除锈。

（3）规范使用刀具

将需切割的食材放在砧板上，根据食材的大小、类型和烹调要求，选择合适的刀具和刀法切割。此外，使用榨汁机等切割、研磨电器时应严格按照说明书操作。

（4）保持注意力集中

使用刀具时应保持注意力高度集中，不要分神，如遇他人、电话等打扰，应先放下刀具。

（5）分别清洗刀具

每次用完刀后及时清洗、收纳。如果一定要将多种刀具一起清洗，需要将刀具集中放置在专用容器内，并分别清洗。清洗榨汁机等电器时应先切断电源。

4. 使用刀具，切忌这几点

（1）错误一：随意放置刀具

刀具不能随意放置，尤其应避免放在砧板或操作台边缘；清洗刀具时，不要随手把刀扔进洗碗槽里；存放刀具时，不要随意将之与杂物一起放置。

（2）错误二：持刀打闹、徒手接刀

不能拿着刀具或锋利的工具打闹。若发现刀具从高处掉落，不要在掉落过程中用手去接。

（3）错误三：使用刀具时佩戴首饰、美甲

使用刀具时佩戴戒指、手镯、美甲等既容易影响食品卫生，也不利于控制刀具，存在安全隐患。

三、防烧烫伤

全国伤害监测系统显示，2016—2018年的儿童伤害病例中烧烫伤病例占3.4%；烧烫伤是1岁以下婴幼儿的第2位致伤原因、1～4岁儿童的第4位致伤原因；近90%的烧烫伤发生在家中。

1. 厨房和卫生间更易发生烧烫伤

厨房和卫生间有更多热源，更容易发生烧烫伤。常见的热源包括以下几类。

（1）火焰

炉灶、火柴、打火机的火焰等。

（2）热的固体

锅具、热水壶、电暖器、热水龙头、热水管道、烤箱等。

（3）热的液体

热油、热汤、热水等。

（4）热的气体

主要是水蒸气，如高压锅工作时放出的气体等。

警示案例

2018年3月的一天中午，山东省青岛市一名1岁10个月的宝宝因为好奇，对着壶嘴喝了一口刚沏好的热茶，立刻哇哇大哭，甚至出现了呼吸苦难。家长赶紧带孩子前往医院就医，医生紧急为宝宝做了电子喉镜检查，发现其咽喉被严重烫伤。随后宝宝被转入重症监护室，医生对其行气管切开术开放气道，以免喉部肿胀导致气道梗阻。医生提醒，门诊中经常遇到喝奶时被烫伤的宝宝，奶水温度一般以人体体温为宜，超过40℃即可发生烫伤。

2. 预防烫伤，注意这些细节

使用合格的锅具，确保锅的手柄牢固，锅盖、锅柄等部件防烫。使用后，应将锅的手柄朝向内侧摆放，以免人经过时碰到；应待厨具冷却后再清洗。接触热的厨具、餐具等时，可使用耐高温的抹布或手套防护。为免水龙头流出的热水温度过高，可选用控温水龙头。

如果家中有儿童，应格外注意防护。首先，不要将热的食物和液体放在操作台或桌子边沿，而应放在儿童不易接触的区域。其次，应教导孩子不要进入厨房，更不能一边抱着孩子一边做饭。最好在灶台上加装防护罩，避免孩子模仿点火。第三，给儿童洗澡时，应先放冷水再放热水，调节至适宜水温（一般宜为38℃左右）后再让儿童进入浴盆。第四，家长可在热水壶、烤箱、电暖器等加热电器上贴上防烫标志，并教育孩子"烫"的概念，告诉他们不要接触这些电器。

四、防中毒

家中是中毒（不包括感染性食物中毒）发生最多的地点，中国疾病预防控制中心慢性非传染性疾病预防控制中心发布的全国伤害监测数据显示，50%以上的中毒发生在家中，在儿童中这一比例更高达70%。

1. 既要"谈毒性"也要"谈剂量"，不必"谈化色变"

"洗洁精含化学成分苯磺酸，即使用水冲5～10次还会残留，苯在人体内累积达到一定程度会诱发癌症。"

"化学表面活性剂会对皮肤、肝脏造成慢性损害。"

"90%的家居清洁用品化学成分含量超标。"

"氯化漂白剂危害人类健康。"

这类宣称日用化学品会威胁健康的说法你是否听过？你是否因此对它们感到恐慌，甚至连洗手液、酒精消毒液等都不知该不该用？

实际上，从工业革命至今，化学、工业和医学的发展为人们增添了诸多便利，相关部门通过循证研究、制度标准和市场监管等，尽可能保证公众日常使用的产品安全、低毒、环保。

剖析前文中关于日用化学品威胁健康的说法，可以发现，有些说法混淆了两种成分，张冠李戴，而更多的说法则有"抛开剂量谈毒性"的通病。因此，正确看待日用化学品，既要"谈毒性"，认识有毒化学品，明确标识，合理存储，也要"谈剂量"，正确使用，做好防护，安全弃置。

2. 家中易引起中毒和伤害的化学品有哪些

家中易引起中毒和伤害的化学品类别、暴露途径及常见原因

化学品类别	暴露途径	常 见 原 因
药 品	误服（多发生于儿童）	药品存放不当、未遵医嘱服药（如错服或过量服药、儿童使用成人药品等）

续 表

化学品类别	暴露途径	常 见 原 因
消毒剂	过量接触	大多对皮肤黏膜、眼、呼吸道具有刺激性甚至腐蚀性，溅入眼睛、接触皮肤、大量吸入等可导致中毒或伤害
	误 服	存放不当
	其 他	使用不当（如未按要求稀释或与其他化学品混用等）
清洁剂	过量接触	眼睛或皮肤长时间接触，其中的酸性、碱性物质和表面活性剂对皮肤黏膜有刺激性
	误 服	存放不当（如将用于洗碗的小苏打、碱粉或其水溶液等放在食品包装袋或饮料瓶中）
	其 他	混用清洁剂与其他化学品，引起化学反应
管道疏通剂	直接接触	主要成分为氢氧化钠，有腐蚀性，且使用过程中剧烈放热，操作不当引起喷溅，易引起灼伤
	误 服	存放不当
酒精及酒类饮品	过量接触	用酒精擦浴为发热的婴幼儿降温
	误服或过量服用	酒精中毒多见于成人，儿童的耐受能力更低，一旦发生误服就可能引起酒精中毒，如婴儿饮酒6～30毫升、幼儿饮酒25毫升，即可导致死亡
杀虫剂	过量接触	未及时远离喷洒环境，皮肤黏膜沾染杀虫剂且未及时清洗
灭鼠药、蟑螂药	误 服	放置灭鼠药、蟑螂药或拌有药物的食饵后未警示
煤油、汽油	误 服	存放不当（如盛放在饮料瓶中）

3. 预防化学品中毒，四大环节均需把关

（1）购买

仔细阅读产品标签、说明书，选择合格产品。尽可能选择毒性小的产品，有些清洁剂效果强劲，但毒性可能也较高。按需选购剂量合适的产品，以尽快用完。对毒性较强的灭鼠药、蟑螂药等，最好一次用完，避免储存。

（2）储存

储存化学品应使用其原本的容器，并保留产品标签，切勿用杯子、饮料瓶等盛装。化学品宜放在高处，最好放在上锁的柜子、抽屉中。此外，为避免儿童误触化学品，最好在危险的化学品外包装上粘贴"有毒有害物品"标识，并教育他们贴有该标志的物品是不能接触的。

（3）使用

应严格按照产品标签、说明书使用，不混用化学品。使用有刺激性的化学品时，应穿戴防护用品（如口罩、手套、护目镜等）。

（4）丢弃

大多数化学品属于有害垃圾，应密封后放置在有害垃圾专用垃圾箱内，由专业人员进行处理，切不可随意丢弃。

4. 正确使用消毒剂，谨防"消毒"变"投毒"

根据有效成分，家用消毒剂主要分为次氯酸类（含氯消毒剂）、对氯间二甲苯酚类（酚类消毒剂）和季铵盐类消毒剂等。不同类别的产品各有优缺点，但一般只要规范使用，就能满足家庭消毒的需求。

三类家用消毒剂的原理及优、缺点

种类	次氯酸类	对氯间二甲苯酚类	季铵盐类
代表产品	84消毒液	滴露、威露士消毒液	净安、安洁消毒液
消毒原理	溶于水后产生强氧化性的次氯酸，使细菌的蛋白质变性失活从而杀死细菌	渗透入细菌细胞膜内，使蛋白质变性从而杀死细菌	作为阳离子表面活性剂，聚集于细菌细胞膜表面从而抑制细菌生长
优点	广谱消毒剂、效果较好	广谱消毒剂	没有明显的刺鼻气味
缺点	有刺激性气味；不易保存、容易失效；与酸性制品或其他清洁产品（如洁厕剂等）混合使用可能产生有毒的氯气	有一定气味；水中溶解度小；有一定刺激性；某些非离子或阴离子表面活性剂能完全溶解对氯间二甲苯酚，使其失效	消毒效果受许多因素影响；容易和蛋白质含量较高的物质发生拮抗；不能与肥皂等阴离子洗涤剂同用，也不能与碘或过氧化物（如高锰酸钾、过氧化氢、磺胺粉等）同用

使用消毒剂不当，导致"消毒"变"投毒"的原因主要有两类：一是混用消毒剂或其他化学品；二是未按说明书稀释消毒液。

（1）错误一：混用消毒剂或其他化学品

混用的情形一般包括两种：一种是直接同时使用；另一种是先使用一种产品（如清洁剂等），没有冲洗干净或间隔一段时间，就又使用另一种产品（如消毒剂等）。

84消毒液是家庭常备的消毒产品，主要成分是次氯酸钠，与含有盐酸的化学品混合，就会发生化学反应，产生氯气。在厨卫用品中，酸性清洁剂往往含有盐酸，如洁厕剂、除锈剂等。"致命毒气"氯气是一种可刺激并损伤呼吸道的气体，大量吸入氯气会使人咳嗽、呼吸困难，甚至头晕。氯气浓度达3 000毫克/立方米，可致人死亡。

警示案例

　　2022年8月，四川省攀枝花市消防救援支队接到报警，一居民疑似因氯气中毒而昏迷，消防员立即赶往现场处置。在消防员到达前，这位居民已经被送往医院。救援人员用气体检测仪对房间内进行探测发现，卫生间里的氯气浓度达约65毫克/立方米。消防员立即对房间内的氯气进行稀释和通风。在稀释过程中，消防员发现卫生间内有84消毒液和洁厕灵，并通过物业人员了解到，中毒者当时混用了84消毒液和洁厕灵，闻到强烈的刺激性气味后感到喉咙难受，伴随胸闷，在尚有意识时向物业人员求助，物业人员立即帮忙拨打了"119"和"120"。

　　（2）错误二：未按产品说明稀释消毒液

　　常见家用消毒剂中，季铵盐类消毒剂的稳定性较好，而含氯消毒剂和对氯间二甲苯酚类消毒剂具有挥发性和刺激性，人使用时容易闻到"消毒水味"。市售消毒剂往往是浓度较高的溶液，在实际使用时需要按照说明进行稀释。采用正确的消毒方式、消毒浓度和作用时间，才能实现有效消毒，不能盲目认为"味道越大，消毒效果就越好"。

　　例如，某品牌的84消毒液外包装标注的有效氯含量为13 500 ～ 16 500毫克/升，用于餐具消毒，用量为2升水加3瓶盖消毒液（一瓶盖约为15克），稀释后的有效氯浓度为250毫克/升，作用时间为20分钟，使用方法是将清洗后的器具放入稀释后的溶液中浸泡消毒，再用清水洗净。滴露消毒液可用于消毒皮肤和小伤口，稀释要求为5瓶盖水（100毫升）加1瓶盖产品（20毫升）。

浓度过高的消毒液不仅无法达到有效的消毒效果，还可能造成健康损害和环境污染。一方面，浓度过高的消毒液具有刺激性和挥发性，会直接对呼吸道、皮肤黏膜造成伤害；另一方面，消毒物品后应用清水擦净或洗净消毒液，浓度过高的消毒液不易彻底清除，人使用物品时就容易接触残留的消毒剂。

警示案例

2022年5月，武汉的一位王女士感到咽干、口燥、胸闷，还不停咳嗽，担心自己患上新冠肺炎，便到家附近的医院就诊。接诊医生安排王女士进行胸部CT等检查后，排除了新冠肺炎。经过进一步追问和检查，医生最终确诊王女士由于长期使用高浓度的84消毒液而患上了咽炎。原来，王女士近3个月来每天用84消毒液喷洒地面消毒，再用湿拖把拖地。尽管气味刺鼻，但她认为味道越大，消毒效果越好，不仅直接使用未经稀释的消毒液原液喷洒，还为保持消毒效果不开窗通风，以为这样能更有效地杀死病毒。

警惕婴幼儿中毒

婴幼儿有用口腔探索世界、认识事物的认知发展过程，拿到任何东西都想放入口中。即使在度过这一阶段后，幼儿也可能在没有洗手的情况下进食、用手擦眼睛等，因而比成人更容易暴露于有毒物质。同时，婴幼儿新陈代谢快，神经、器官等尚在发育，对毒物的耐受度低，接触毒物后往往后果更严重。

小知识

五、防腐蚀伤

1. 管道疏通剂腐蚀性强，可造成化学烧伤

管道疏通剂是一种常见的厨卫管道深层清洁产品，多用于疏通被油脂、毛发、菜渣、纸棉纤维等有机物堵塞的管道。管道疏通剂的主要成分为氢氧化物、碳酸钠、铝粉，对皮肤和黏膜有强腐蚀性，如果不慎接触或误服，会造成化学烧伤。

警示案例

　　2022年5月，福建省漳州市的林先生使用管道疏通剂疏通厕所时，下水道突然发生爆炸，他的面部、颈部被大面积烧伤。这种烧伤属于化学烧伤，与开水烫伤或火烧伤不同，因为管道疏通剂中通常含有碱性物质，会与皮肤油脂发生进一步反应，导致伤口加深，危害性极大。

2. 科学选用，避免灼伤和爆炸

案例中的林先生使用管道疏通剂发生危险，是因为管道疏通剂的主要成分

氢氧化钠遇水溶解时会放热，同时与铝粉反应生成大量气体，使狭小的管道内温度陡升、压力大增，导致爆炸。

为避免管道疏通剂导致灼伤和爆炸，选用时应注意以下关键。

① 通过正规渠道购买合格的产品，使用前仔细阅读说明书。

② 使用时做好个人防护，戴好手套、防护眼镜和口罩。

③ 严格按照说明书要求的程序和容量加注。有些管道疏通剂颗粒需要加水溶解后使用，由于加水时会发生剧烈的化学反应并释放大量热量，故应添加冷水调配，且注水时应缓慢，防止液体飞溅。

④ 妥善存放，谨防误食。除灼伤外，误食管道疏通剂的危害也不容小觑，特别是有儿童的家庭应高度重视。

如果不慎被管道疏通剂灼伤，可以先轻柔拭干飞溅的液体，再用流动的清水冲洗，不要涂抹牙膏、酱油、中药粉等，烧伤严重者应尽快到医院就诊。如果发生眼部化学灼伤，应立即用中性溶液（如自来水、矿泉水等）冲洗眼睛，持续冲洗30分钟，然后及时就医。如发生误食管道疏通剂，应立即就医。

第六章

常见的居家安全防护用品

在为家中添置物品时，除追求美观和舒适外，还应考虑安全需求。对于家中存在的危险因素，人们需要一些额外的工具降低其导致伤害的概率或减轻伤害的严重程度，尤其是更容易受伤的儿童与老人。

在市场上可以见到各式各样的安全防护用品，防滑垫、安全护栏等常见的防护用品是大多数人的"居家必备"，而有些重要的安全防护产品可能被忽视。例如，一氧化碳和烟雾报警装置可以极大程度地避免一氧化碳中毒和火灾带来的悲剧。

一、防撞贴

1. 只要有尖锐边角，就需要防撞贴

防撞贴可以有效保护人们不被家具的尖锐边角划伤、碰伤，通常利用胶带固定在家具表面，常见的材料包括泡沫、塑料和橡胶。

不少人认为，家中有儿童才需要准备防撞贴，其实只要家中存在尖锐的边角，都需要用防撞贴等进行钝化处理。使用防撞贴，不仅可以避免撞到桌角、床脚的"惨痛"经历，还能在有人跌倒时提供一重"被动保险"，以免造成更严重的伤害。

小贴士

这些方法，也能"消灭"家中的尖锐边角

① 在装修时，对墙角、尖锐的边角等进行"倒角"等钝化处理。
② 选择边角柔和的家具。

2. 这些位置特别需要防撞贴

最好对家中进行一番检查，所有坚硬、尖锐、常接触之处均应及时采取防护措施。以下位置尤其需要贴上防撞贴。

（1）突出的直角

对桌角、床角、吊柜底角、油烟机角等进行钝化处理，可以选择三角的防

撞贴。

（2）家具的边沿

对家具的边沿进行钝化处理，宜使用防撞条，使用时可先根据家具尺寸将其剪成合适的长度。

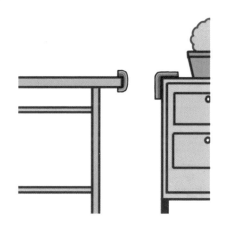

（3）墙角和窗沿

如果在经常活动的区域和高度有凸出的墙角和窗沿，也应进行钝化处理。除使用防撞贴外，还可以定做挡板，或者对家具和功能区域重新布局。

❋ 二、报警装置

科技的进步为人们提供了很多经济、便捷、灵敏的手段，探测家中不易察觉的安全问题。一氧化碳中毒和火灾导致的悲剧往往是因为人们发现时"为时已晚"，安装报警装置可以帮助人们及时发现"苗头"，将危险"扼杀在摇篮中"。

1. 家用报警装置并非闲置，更不是"智商税"

虽然大部分安装报警装置的家庭在其正常使用期间（寿命为 1 ～ 10 年）

没有听到过任何因事故引发的警报，但这些报警装置绝不是闲置的，它们探测的事件一旦发生，往往发展迅速，且易导致严重后果。无论家有多大，我们都无法只靠自己和家人时刻关注每个区域，更重要的是，有些危险往往是人无法感知的。

2. 家用报警装置怎么选

市场上销售的报警装置有很多，根据其主要功能大致可分为：燃气报警装置、一氧化碳报警装置、烟雾报警装置、防盗报警装置等，还有兼具多种功能的复合型报警装置。

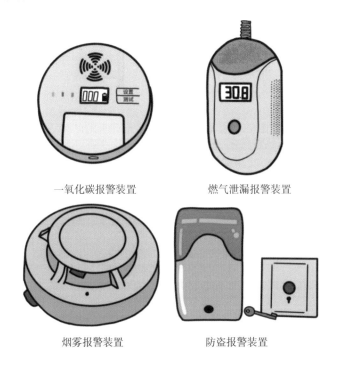

一氧化碳报警装置   燃气泄漏报警装置

烟雾报警装置   防盗报警装置

根据是否联网，家用报警装置又可以分为独立型和智能型，两者探测危险因素的原理是一致的，独立型报警装置只支持本地的声光报警，价格相对便宜；智能型报警装置则可以通过网络、蓝牙等与摄像头、手机、中控台等设备互联，向不在家中的人发出提醒，还能实现远程定位和报警。如果家中有无线网络且预算充足，最好选择智能型报警装置。另外，如果家庭成员存在听觉障碍，可购买能同时发出强光的报警装置。

市场上的主流家用报警装置都有免布线、电池供电款式，依靠粘胶或螺丝固定，安装并不困难。购买前应仔细确认产品质量符合相关标准，并正确安装和使用。

3. 燃气报警装置：防患于未"燃"

大部分家庭都会用到燃气，如燃气灶和燃气热水器。燃气是一种易燃易爆气体，与空气混合达到一定浓度时，遇到明火会发生剧烈燃烧甚至爆炸。燃气在室内封闭空间内发生泄漏，不易扩散，此时进行用气点火，甚至只是开、关电器都有可能引发事故。燃气报警装置可在燃气发生泄漏时发出警示，此时住户及时关闭阀门、开窗通风，并避免开、关电器等可能引起火花的操作，就能防患于未"燃"。

对使用燃气的开放式厨房，燃气报警装置更是必需的。这类厨房没有隔断，一旦发生燃气泄漏，燃气会迅速弥漫到客厅、卧室等，此时开、关电器都有可能酿成灾难。同时，因为开放式厨房缺少隔断，火势、烟气扩散的速度及爆炸的冲击都会更猛烈。

警示案例

2022年7月，河北的一位女子进入厨房准备做饭时，闻到了浓烈的煤气味，便让其丈夫给厨房通风。丈夫没有选择第一时间开窗，而是想用排风扇通风。不料，将排风扇插头插入插座时产生电火花，爆燃瞬间发生，导致这对夫妻从厨房内被冲击到了院内，发生重度烧伤。

4. 一氧化碳报警装置："隐形杀手"仍出没，掉以轻心切不可

一氧化碳被称为"隐形杀手"，由于它无法被人们看到和闻到，所以中毒者往往无法意识到自己已经中毒。此外，长时间吸入低浓度的一氧化碳同样会对人体造成危害。因此，安装一氧化碳报警装置非常必要。

家用一氧化碳报警装置多采用电化学传感器、低功耗、电池供电，一般产品寿命为3年甚至更久，宜将其安装在卧室和生活区域附近，并要保证在每个睡眠区都能听到警报声。如计划将报警装置安装在厨房，需要确保满足说明书中和燃料燃烧装置（如燃气灶、烧烤炉等）的距离。

小知识

燃气和一氧化碳报警装置，别"傻傻分不清"

家用燃气报警装置和一氧化碳报警装置经常被人们混淆，其实两者的功能和安装位置都有明显区别。燃气报警装置通过探测液化石油气、人工煤气、天然气等燃气的浓度，防止气体泄漏导致窒息、爆炸、火灾等，安装在气源附近（主要是厨房），根据燃气密度调整位置。一氧化碳报警装置则是一种有毒气体报警装置，作用是防止一氧化碳中毒，安装时需要和燃料燃烧器具保持距离，一般安装在卧室、客厅、餐厅、楼道等。

警示案例

"绿蚁新醅酒，红泥小火炉。晚来天欲雪，能饮一杯无？"近期，冬日的社交平台上兴起了一股"围炉煮茶"热，三五好友聚在一起，喝上一口热茶，成为受年轻人追捧的休闲方式。

2022年12月，浙江省绍兴市公安局上虞区分局小越派出所接到报警求助，称有人在家中因烧煤炭而中毒，需要紧急救援。民警迅速出警，并联动"120"急救中心赶赴现场急救。到现场后，民警第一时间将屋内有中毒迹象的两名男子扶出室外，并配合医务人员将其送往医院。经诊断，两名男子均为一氧化碳中毒，经治疗观察后痊愈出院。据了解，事发当天，小王在短视频平台看到有人在家中利用铁盆和火炉"围炉煮茶"，自己也想尝试，便邀请茶友一起在家中"围炉煮茶"。小王认为自己使用的是无烟炭，便忽视了开窗通风，导致两人发生一氧化碳中毒。

有媒体记者发现，有些支持"室内炭煮"的茶室声称"无需开窗通风，不用担心安全"；也有部分销售围炉煮茶配件的卖家宣称"使用无烟炭不会有中毒风险，我们都在办公室围炉煮茶"。然而，北京大兴消防救援支队在门窗紧闭的室内环境中模拟"围炉煮茶"，炭火仅燃烧15秒一氧化碳检测仪就发出警示，不到1分钟一氧化碳浓度就达到危险值。

小知识

如何预防室内一氧化碳产生

燃料不完全燃烧会产生一氧化碳，燃料燃烧装置（如燃气灶、热水器、烧烤炉和暖炉等）发生故障、使用不当或周围通风不良，可使一氧化碳在家中不断积聚，导致中毒。煤气的主要成分是一氧化碳、氢气和甲烷，如果仍然使用煤气，更要谨防一氧化碳中毒。天然气的主要成分为甲烷，但如果燃烧不完全，也会产生一氧化碳，切莫掉以轻心。

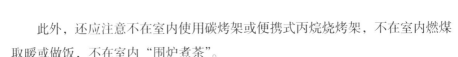

此外，还应注意不在室内使用碳烤架或便携式丙烷烧烤架，不在室内燃煤取暖或做饭，不在室内"围炉煮茶"。

5. 烟雾报警装置：与火灾"赛跑"，早预警，早行动

烟雾报警装置能有效预防火灾，世界卫生组织与联合国儿童基金会联合发布的《世界预防儿童伤害报告》显示，它能降低70%以上的火灾风险。通过对烟雾的探测（有些产品还能感应温度），报警装置可在起火的早期阶段发出警报，帮助人们及时扑灭火焰或逃离。

安装烟雾报警装置时，应尽可能覆盖家中每个区域，若为多层房屋，宜在每一层的天花板都安装报警装置，但要远离门、窗和热气通道。为确保最佳的保护效果，烟雾探测器需要定期测试，传统的报警装置需要每半年至1年更换电池，目前也有待机时间更长的产品可供选择。此外，住宅公共区域安装的烟雾报警装置也需要定期检查、及时更换电池，以保证正常运作。

三、智能网络摄像头

外出上班的家长不放心家中孩子怎么办？子女联系不上独居老人担心出事怎么办？如果有此类烦恼，不妨在家中安装智能网络摄像头。

智能网络摄像头安装方便、功能强大，可以帮助人们及时发现和应对家中的各种突发状况。目前较为主流的家用摄像头是无线网络连接版本，连接无线网络后，配合智能手机下载相应的智能程序，便可不受距离限制，对家中情况了如指掌。

1. 根据用途选购智能摄像头

选购智能摄像头时，不仅要了解声音和视频传输的清晰度、摄像头视角、网络安全保障等基本参数，还可根据具体用途，选择具有相应附加功能的产品。

（1）注重安全防护

如果对安全防护要求较高，可选择有红外夜视功能、移动侦测等功能的摄

像头。

（2）注重婴儿监护

如果家中有婴儿，可选择增加温度、湿度监测功能的摄像头。

（3）预防老年人跌倒

如果家中有易跌倒的老年人，可选择增加动作监测和报警功能的摄像头。

（4）注重隐私

为保护隐私，宜选择可通过按键等物理方式关闭镜头的摄像头。

2. 安装摄像头，位置有讲究

家用摄像头一般宜安装在客厅、房间或走廊的角落，需要注意视角和高度，以确保其能拍摄到整个区域。需要提醒的是，有媒体报道了婴儿被摄像头线缆缠住而导致窒息的悲剧。因此，如果用于监护婴幼儿，摄像头应安装在距离婴幼儿活动区域（婴儿床、游戏区域等）至少1米以外的位置。此外，安装摄像头一定要取得所有家人的同意。

第七章

特殊人群居家伤害预防
——儿童篇

❋ 一、不同年龄儿童发生伤害的特点

《中国儿童伤害流行状况回顾报告（2016—2018年）》显示，儿童伤害病例中，1～4岁儿童占比最高。跌倒及坠落、钝器伤和动物伤是我国就诊儿童伤害病例中最常见的致伤原因；跌倒及坠落在儿童的每个年龄段都是伤害病例的首位致伤原因；刀及锐器伤在儿童伤害病例致伤原因中的排序随年龄增加而上升；烧烫伤在儿童致伤原因中的排序则随年龄增加而下降。

❋ 二、不同年龄儿童发生伤害的原因

0～4岁婴幼儿喜欢模仿成人的动作，但不能认识和判断危险，且身体动作的协调性尚在发展中，不能对突发事件做出及时和正确的反应。例如：4月龄内婴儿不会翻身，如果被衣物、毛巾、被子等掩住口鼻，他们无法移开遮盖物或自己的身体，就很可能发生窒息。孩子出生4个月后会翻身，8个月后会爬行，从床上跌落的风险大大增加。1岁以后，幼儿具有独立行走的能力，活动范围扩大，可能接触的危险也会增多，烫伤、触电等伤害屡有发生。2～3岁幼儿好奇心强、好动，但对危险的判断力不足，也容易发生伤害。

5～9岁儿童更喜欢做"小大人"，做大人的事，却没有完全明白其中的

危险。例如，喜欢尝试冒险行为，甚至与同伴"比赛"进行冒险行为，以此炫耀自己。这一年龄段的孩子已经进入学龄期，更多时间不在成人的看护和监管下。随着年龄的增长，他们的知识、阅历、经验、独立意识、活动范围与日俱增，接触危险的机会也有所增加，发生溺水、车祸等伤害的报道越来越多。

三、如何创造安全的儿童居家环境

在人们心目中，家应该是最安全的地方，其实不尽然。全球儿童安全组织的调查显示，61.2%的儿童伤害发生在家中。家庭造成儿童伤害的主要原因是家长照顾不周、居室结构和布局不合理等。同时，有研究指出，超过70%的家长不会定期对家居用品进行安全检查，7%的家长从不检查，近80%的家长则不清楚如何对家居用品进行安全检查。因此，家长应对居家安全多留意一些，减少居家环境中的潜在危险，为儿童营造一个安全的居家环境。

1. 排查居家隐患的"5S"法

（1）See（看）：以儿童的视角看待环境

儿童生活在"大人国"里，视角与大人不一样。尝试以孩子的视角看待周围环境能够帮助人们更有效地发现潜在危险，并提早预防。例如：滚筒洗衣机对成人来说只有洗衣的功能，但在孩子眼里，它可是"躲猫猫"的好地方。一旦孩子躲进洗衣机里，就很容易被困在里面，严重时甚至会导致窒息。

（2）Size（尺寸）：对越小的孩子，给越大的物品

嘴是孩子探索世界的重要工具，拿到任何东西，他们都想放入口中。过小的物品很容易被孩子吞下而导致窒息或中毒。因此，年龄越小的孩子所接触的物品应越大。

（3）String（绳）：孩子接触的绳带长度不超过22厘米

在孩子眼中，绳状物（如窗帘绳、彩带等）都是好玩的玩具，有些孩子还会将它们当成项链绕在脖子上，绳带绕颈容易导致窒息。因此，家长应避免让孩子接触较长的绳带。

（4）Surface（表面）：选择表面平滑、柔软、无易脱落物、无毒、无间隙的物品

孩子皮肤娇嫩，身体柔软，容易被表面粗糙、尖利的物品划伤；走路尚不稳当的孩子容易跌倒，发生磕碰；孩子将手指探入缝隙，容易被卡住……因此，家长应尽量确保孩子接触的物品表面平滑、柔软，没有间隙、容易脱落的部分及有毒有害物质。

（5）Standard（标准）：选择符合安全标准的儿童用品和家具

使用不符合安全标准的产品容易造成伤害。例如，市场上有不少童车没有按规定在链条处加装盖子，这样很容易让孩子夹伤脚。因此，选购儿童用品和家具时，要仔细阅读产品的相关说明，选择通过国家安全检测、符合国家安全标准的产品，如"3C"认证、儿童家具通用技术条件（GB 28007—2011）等。

2. 窗户

近年来，儿童从家中窗户跌落的报道屡见不鲜，有儿童的家庭要特别关注以下几点。

① 窗户的开启宽度应小于10厘米，或在窗户外加装护栏，栏间距宜为8～9厘米。

② 窗户的插销或开启把手需要用成人的力度才能打开。

③ 最好不要使用大面积玻璃的窗户，因为难以确保玻璃能承受孩子的体重。

④ 杜绝窗户边家具"叠叠乐"，因为孩子容易通过叠起的椅子、柜子等家具爬到窗台上。此外，孩子在攀爬时可能因为没站稳或家具倾倒而受伤。

<10厘米

3. 窗帘

孩子躲在窗帘后玩捉迷藏，或拉拽百叶窗玩耍，都有可能使窗帘拉绳绕颈而发生窒息。因此，有儿童的家庭应注意以下几点。

① 尽量不使用拉绳式的窗帘。

② 如果家中已经使用拉绳式窗帘，可以将拉绳收纳进布袋或塑料袋中。也可以用带有魔术贴的短绑带将窗帘拉绳固定在孩子碰不到的高处。

③ 不在带有窗帘拉绳的窗边放置床等家具，以免孩子爬上这些家具后接触到拉绳。

警示案例

2020年5月6日，江苏省南通市东方剑桥怡安幼儿园小班幼儿胡某某发生意外窒息。当天中午，该小班3位老师陪护该班幼儿在教室内用餐时，先用完餐的幼儿胡某某独自跑到寝室里玩耍，被窗帘绳缠颈而发生窒息。园方发现后迅速将胡某某送医救治，其经全力抢救于5月7日早晨不治身亡。

4. 门

门可能夹伤孩子娇嫩的手指，尤其是当门被大风吹刮时。此外，如果门把手带有尖锐的棱角，孩子经过时就很容易被碰伤。家长应注意以下几点。

① 可以在门下放置门止，也可以将厚毛巾、围巾等一端系在门外的把手上，另一端系在门内的把手上，以免门自动关上。

② 确保门把手没有尖锐棱角，可以用棉花、棉布等制作漂亮、可爱的保护套，套在门把手上。

③ 确保门锁随时可以从外面打开，最好不能从房间内部锁住，以免儿童不慎将自己反锁在屋内。

5. 墙壁

装修时，应选择安全无害的墙壁涂料。平时要及时擦除墙面污渍，以免儿童触碰、误食涂料，危害健康。值得警惕的是，家中通风不好、屋内长期潮湿、涂料选择不当，容易导致墙壁发霉。发霉的环境尤其容易对皮肤病、哮喘患者，易过敏者，以及儿童、老年人等抵抗力较差的人群造成健康威胁。因此，应注意对墙面做防潮处理，并尽量选择有抗菌、防霉功能的涂料，防止微生物滋生。

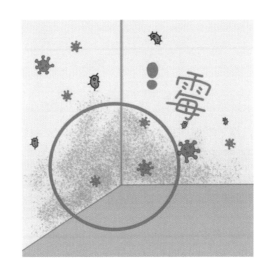

6. 家具

家长应排查家中的家具是否存在以下安全隐患。

（1）隐患一：尖锐的边角

儿童经过或跌倒时磕碰到尖锐的边角，容易发生磕伤。

√　**排除措施**：选择边缘圆滑、无尖锐边角的家具，或用防磕碰海绵条、防撞贴等包裹锐利的边角。

（2）隐患二：没有靠墙摆放的沙发

儿童容易从沙发靠背上坠落，发生摔伤。此外，儿童掉入沙发与墙之间的缝隙，还可能发生窒息。

√　**排除措施**：将沙发等儿童容易攀爬的家具靠墙摆放。

（3）隐患三：盖着桌布的餐桌

儿童可能因为好奇而拖拽垂下来的桌布，导致桌面上的物品坠落，砸伤自己。

✓　**排除措施：**避免使用无法固定的桌布或桌垫。

（4）隐患四：未固定的抽屉柜

儿童攀爬抽屉柜或翻找抽屉柜里的物品时，未固定的抽屉柜可能会倾倒，导致压伤或摔伤。

✓　**排除措施：**使用螺丝钉或连接装置将抽屉柜固定在墙上，或在墙上安装防倒挂钩；在抽屉柜中放置物品时，重的放下面，轻的放上面，不放置可能吸引儿童攀爬的物品（如手机、玩具等）；安装抽屉锁，以免儿童拉开抽屉。

警示案例

2017年，美国加利福尼亚州的一名男童因被家中倾倒的宜家三屉柜压住而丧命，年仅两岁。他的父母于2018年起诉宜家公司，指控其明知这一系列抽屉柜和衣柜存在倾倒风险，且先前曾导致多名儿童死

亡或受伤，却没有提醒消费者那些家具必须用零件固定在墙上才能使用。2020年，男童父母与宜家公司达成了和解。宜家将向男童父母赔偿4 600万美元。

7. 化学品和药品

一些家长会用饮料瓶分装消毒液、洗衣液等化学品。如果这些饮料瓶被放在儿童能接触到的地方，就有可能被他们当作饮料误食而导致中毒。药品也可能被儿童当作糖豆误食。因此，应将化学品和药品装在带有警示标签的原包装容器中，每次使用后妥善收纳在儿童接触不到的地方（如上锁的柜子、抽屉中等）。可选择儿童不易打开包装的产品，并定期检查包装的密封性。

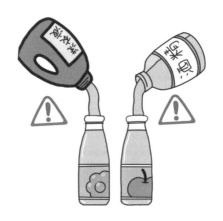

四、如何科学选用婴幼儿用品

1. 婴儿床

婴幼儿大部分时间都在床上度过。3月龄内宝宝每天需要睡16小时左右，学龄前儿童每天需要睡10～13小时。如何让宝宝睡得安全、舒适，是每一位家长关心的事。

婴儿床是专门为婴幼儿设计的床，一般长度为90～140厘米的儿童床和折叠床都可称为婴儿床。婴儿床对宝宝的安全至关重要，家长选购时应慎重。

警示案例

2022年5月，湖北省孝感市孝昌县某小区一居民家中的3岁男童在玩耍时，不慎将左腿卡在儿童床的护栏缝隙中无法取出。该居民立即拨打"119"消防报警电话请求救援。最终消防员将护栏锯断才使男童成功脱困。

（1）选购婴儿床，注意这些细节

① 产品资质须保障

应在正规商场或网站选购有正规标识的产品（如"3C"标识等），并仔细查看产品的使用和安装说明信息。不买无任何产品使用和安装说明信息、无品牌号、无警告说明的产品。

② 床板牢固不变形

婴幼儿会在床上挥手、踢脚，甚至蹦跳，婴儿床木板应结实、牢固，不易变形、断裂。

③ 间距缝隙要有度

婴儿床四周护栏的栏间距（如图中①所示）应为45～65毫米。间隙过大或过小，均易导致婴幼儿肢体或头部被卡住，造成夹伤或窒息。婴儿床的床铺面（包括床垫）与四周护栏之间的间距也不可过大。

④ 护栏高度要足够

设计合理的婴儿床会根据不同年龄段婴幼儿的特点，设计不同的护栏高度。护栏高度不可过低，以免婴幼儿翻越。

⑤ 床体部件应平整

婴儿床的凸出部件不仅易导致婴幼儿磕伤，还可能挂住婴幼儿的衣服或被子，导致窒息。

⑥ 可卸护栏慎选择

护栏可拆卸的婴儿床存在一定隐患。因为护栏被拆卸后一旦没有安装好，就可能导致婴幼儿坠落摔伤或被卡住。如果家长想购买护栏可拆卸的婴儿床，除需关注护栏是否容易妥善安装外，还应注意用于固定护栏的插销是否牢固且没有尖锐边角，并确保婴幼儿无法接触插销。

⑦ 无漆无饰最安全

最好选择实木框架、无涂饰或涂饰清漆的婴儿床，这类产品释放的甲醛量和挥发性有机物较少，能最大限度地呵护婴幼儿的身体健康。

（2）使用婴儿床，注意这些关键

① 床上物品越少越好

婴儿床上宜只放必要的物品，越少越好。需要提醒的是，毛绒玩具很可爱，但对婴幼儿可能带来窒息危险，不宜放在婴儿床上。

② 床单铺平且固定

床单皱起存在导致婴幼儿窒息的风险。应将婴儿床的床单铺平，并确保其不会因为婴幼儿身体移动及手脚抓蹬而皱起。

③ 周围空间应安全

不在婴儿床周围放置电线、插座等，不将婴儿床放置在取暖器或窗户旁边，确保婴儿床周围是一片安全区域。

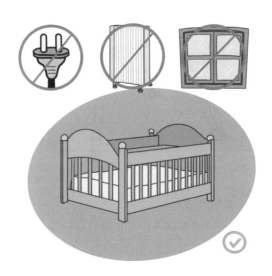

2. 儿童餐椅

在宝宝开始吃辅食后，儿童餐椅可以为宝宝提供良好的进食环境，帮助他们养成良好的进食习惯。儿童餐椅一般适合6月龄～4岁的婴幼儿，有一些儿童餐椅的高度、靠背角度等可以随着孩子的成长进行调整，适合各年龄段的孩子。

（1）常见的儿童餐椅有哪些

儿童餐椅有多种不同的类型和风格，以适应不同的家庭需求和生活方式。

常见的有以下几类。

① 高脚餐椅

高脚餐椅是最常见的儿童餐椅类型，专门为婴幼儿设计，座椅和托盘可调节高度，配有安全带。它的高度通常与普通餐桌相同，使孩子能够在餐桌上与大人一起进餐。这不仅能提高孩子用餐的参与感，也能帮助他们养成良好的用餐习惯。

② 可转换式儿童餐椅

可转换式儿童餐椅可以随着孩子的生长发育进行调整和转换。例如，它们可以从适合婴儿的餐椅转变为适合儿童的餐椅，然后转变为正常座椅。因此，这类餐椅的使用时间比其他类型的餐椅长，可以像普通座椅一样使用。但可转换式儿童餐椅售价通常较高，一些附件（如餐盘、靠垫等）也需要另外购买。

③ 轻便折叠型儿童餐椅

轻便折叠型儿童餐椅设计轻便，易于折叠和携带，适合外出旅行或访问亲友时使用。

④ 增高椅

增高椅通常放在普通座椅上使用，可增加宝宝的坐高，使他们能够舒适地坐在餐桌旁。增高椅通常比较小，适合室内空间有限的家庭。

（2）选购儿童餐椅，注意这些关键

① 安全性

儿童餐椅应具有良好的稳定性，以防止儿童在餐椅上活动时摔倒。最好选择带有五点式安全带的儿童餐椅，五点式安全带可以固定孩子的肩膀、腰部和裆部，确保他们在餐椅上坐稳。

② 舒适性

选择坐垫和靠背舒适的餐椅，可以提高孩子用餐时的舒适度。此外，一些餐椅可以调节托盘与孩子之间的距离，也能提升孩子的用餐体验，让他们更容易进食。

③ 易清洁

婴幼儿活泼好动，可能把食物撒到餐椅的任何地方。选择便于清洁的餐椅，可以让家长轻松很多。带有可拆卸托盘和坐垫的餐椅通常更便于清洗。

④ 便携性

如果需要经常移动餐椅或家中空间有限，可以考虑选择折叠式儿童餐椅。这种餐椅可以被折叠起来，便于存放和携带。

警示案例

　　在一档明星与家人共同参与的综艺节目中，一位妈妈将不到1岁的女儿放在儿童餐椅上，没有给她系好安全带就去做其他事情。孩子由于没有站稳从餐椅上跌落，当场吓得大哭。这样的场景让人十分揪心，也提醒广大家长在孩子使用儿童餐椅时一定要将其用安全带固定在餐椅上，并始终在一旁看护。

（3）使用儿童餐椅，注意这些细节

① 正确安装和使用

确保按照产品说明正确安装，并按照制造商建议的年龄和体重使用餐椅。如果餐椅有可调节的部分，应确定所有可调节的部分在使用前已经固定。

② 放置位置有讲究

使用儿童餐椅时，不要将其放在柜子、窗帘或桌布等物品旁边，以免孩子借助这些物品移动自己。

③ 上椅前锁定脚轮

如果使用带有脚轮的儿童餐椅，应在孩子坐上餐椅前确认脚轮已经锁定。

④ 始终系好安全带

孩子使用餐椅时，一定要始终给他们系好安全带。五点式安全带能固定孩子的肩膀、腰部和裆部，提供最佳的保护。

⑤ 始终看护不离人

不要让孩子在无人看护的情况下坐在儿童座椅上，尤其是在他们进食时。

⑥ 及时清洁除隐患

及时清洁餐椅，特别是托盘和安全带。食物残渣和污渍容易导致微生物滋生，危害儿童健康。

⑦ 如有损坏应更换

定期检查餐椅是否有磨损或损坏。一旦餐椅有任何损坏（如裂纹、断裂或部分松动等），应立即停止使用。

3. 婴幼儿服装

为婴幼儿选购服装时，柔软舒适、材质安全、穿脱方便是最重要的。我国对婴幼儿纺织品及儿童服装质量安全有明确的要求。婴幼儿服装面料应符合《婴幼儿及儿童纺织产品安全技术规范》（GB 31701—2015）安全类别中的A类要求。

婴幼儿及儿童纺织产品分类及定义

产品类别	安全类别	定　　义
婴幼儿纺织品	A类	婴幼儿穿着或使用
直接接触皮肤的儿童纺织品	B类	儿童穿着或使用时，产品大部分面积直接与皮肤接触
非直接接触皮肤的儿童纺织品	C类	儿童穿着或使用时，产品不直接与皮肤接触，或仅有小部分面积直接与皮肤接触

2023年6月，针对消费者投诉、举报集中及质量问题较多的产品，上海市市场监督管理局对京东、天猫网络平台以及浦东新区、杨浦区、普陀区、虹口区销售的34个品牌50批次童装进行了抽查。经检测，本次抽查有10批次不合格，不合格检出率为20%，不合格项目主要是pH、绳带要求、耐湿摩擦色牢度、纤维含量、产品使用说明5项。

为保障婴幼儿的安全与健康，家长在为其选购服装时可以采用"一闻二看三注意"的方法。

（1）"一闻"

在选购婴幼儿服装时，家长可以闻一闻气味，避免选择有刺激性气味、浓郁香味或霉味的产品。

（2）"二看"

① 看标识

1）查看产品标识。选择生产厂商信息、产品信息、使用说明、安全警示语、适用标准等齐全的产品。

2）查看安全类别。婴幼儿纺织产品应符合安全类别中的A类要求，且使用说明中必须标有"婴幼儿用品"字样。

3）查看面料成分。最好选择纯棉面料的衣物，因为这种材质较柔软，透气性和吸湿性也比较好。

② 看款式

1）尽量选择款式简单、颈部相对宽松、袖口松紧度适宜且方便穿脱的婴幼儿衣物。婴幼儿服装上的绳带可能会绊倒孩子，或缠绕在孩子脖颈上，造成窒息等严重后果。《婴幼儿及儿童纺织产品安全技术规范》中明确规定："婴幼儿及7岁以下儿童服装，头部和颈部不应有任何绳带。"服装的背面同样不应有任何绳带，因为背面的绳带可能会被电梯门或车门夹住，进而使孩子摔伤或被拖拽。

2）尽量购买附件较少的婴幼儿服装。因为衣服上的纽扣、毛绒球、蝴蝶结等附件会经常被婴幼儿抓、咬，一旦发生脱落，就可能被婴幼儿吞入口中，造成窒息等危险。国家标准要求这些附件要有一定的抗拉强力，避免轻易脱落导致婴幼儿误吞。家长在选购时也应检查纽扣、拉链等附件的牢固程度。此

外，还应确保附件边缘光滑，避免锐利尖端或边缘刮伤婴幼儿；贴身衣物的耐久性标签不应与身体直接接触，以免擦伤宝宝娇嫩的皮肤。

3）尽量选择浅色、不带印花图案的婴幼儿服装，以免涂层和染料中含有的化学物质给婴幼儿带来过敏等健康隐患。

（3）"三注意"

① 索取购物凭证

购买服装时，最好向经营者索取发票等购物凭证。因为一旦服装存在安全问题，购物凭证可以作为日后维权的重要依据。

② 清洗、晾晒后再穿

新买的服装一定要经过清洗，并且在阳光下晾晒后再给宝宝穿，这样可以最大限度地去除生产过程中残留在服装上的化学物质。

③ 每次穿前检查

每次给宝宝穿衣物前，家长都应检查纽扣等附件是否松动或散线，确保固定牢固后再给婴幼儿穿戴。

4. 浴盆

婴儿浴盆是专门为婴幼儿设计的小型浴盆，可以帮助家长安全、方便地给孩子洗澡。大多数婴儿浴盆适用于2岁以下婴幼儿，新生儿浴盆还配有倾斜的座椅或垫子，以在水中帮助支撑新生儿的头和颈部。

确保婴幼儿在浴盆中的安全非常重要，家长应警惕发生在家中的溺水，浴盆、水桶、水缸等均存在使婴幼儿溺水的风险。婴幼儿面部浸入5厘米深的水中2分钟以上就会窒息。

警示案例

2022年6月的一天，4岁女童佳佳有点发热，家人就让她在浴缸泡澡退热。当时她精神还不错，一边泡澡一边唱歌。佳佳的爸爸觉得她状态不错，似乎不需要时刻看护，就离开浴室去了厨房。就在短短几分钟后，浴室里没了声响。当他再次走进浴室时，竟发现佳佳已经淹溺在浴缸中不省人事，口唇发紫。爸爸立即将佳佳送往医院。经过退热、清理气道、吸氧、降颅压等一系列治疗，佳佳最终转危为安。

以下建议可以帮助家长在使用婴儿浴盆时确保孩子的安全。

（1）全程看护

无论何时，都应确保婴幼儿在浴盆中洗澡时有人看护。即使是大人短暂的离开也可能导致溺水等严重后果。

（2）稳固放置浴盆

应将浴盆放在平稳、坚固的平面上，以免浴盆滑动或翻倒。如果使用可折叠式浴盆，还要确保在使用前将其正确展开并锁定。

（3）使用防滑设备

选择底部防滑的浴盆，或者在浴盆底部放置防滑垫，以免婴幼儿在浴盆中滑倒。

（4）提前准备好所有用品

在开始给婴幼儿洗澡之前，确保所需用品都放在触手可及处，包括洗发水、沐浴露、浴巾、毛巾等。这样，家长就不需要在洗澡过程中离开孩子去拿用品。

（5）确保水温适宜

为免孩子洗澡时被花洒流出的热水烫伤，最好将家中热水器的加热温度调节至不超过45℃。在给婴幼儿洗澡时，宜先在浴盆中放入冷水，后放入热水。婴幼儿洗澡适宜的水温为37℃左右，家长可以使用专用的水温计测量水温，也可以用手肘试水，以确保水温适宜。

（6）保持适宜水深

婴幼儿洗澡时，浴盆中的水深以水面大致在他们的肚脐处为宜。控制水深有助于预防溺水。

5. 玩具

家长在为孩子选购玩具时需要特别留心安全隐患。玩具涉及的安全问题主要包括机械物理伤害（如玩具零件脱落造成误吞、玩具有尖锐边角造成划伤等）、化学伤害（如违法添加禁用物质、某种元素含量超过国家标准等），以及使用适用年龄不符的玩具和将非玩具产品当作玩具造成的伤害等。为避免此类安全问题，家长应在选购玩具和孩子使用时严格把关。

警示案例

近年来玩具造成儿童伤害的报道屡见不鲜。2015年，山东省青岛市妇女儿童医院先后接诊了两名由于肠梗阻而呕吐、发热的患儿，他们发生肠梗阻是因为误食一款名为"水精灵"的玩具。2022年，河北省石家庄市一名4岁儿童左手食指被卡在一个玩具铁环内，家长只得求助消防救援人员。救援人员用铁钳剪断铁环后，孩子的手指才能拿出。2022年，浙江省金华市一名7岁男童在骑电动平衡车时因无法控制刹车，与汽车相撞并被卷入车底，以致发生多处骨折和内脏破损。

（1）选购儿童玩具，注意这些关键

① 从正规商场或信誉较好的网络购物平台购买儿童玩具。不购买来路不明的"三无"产品，即无生产日期、无生产厂家、无质量合格证的产品。

② 玩具包装上的中国强制性认证标志（"3C"认证标志）是最基础的安全认证。我国规定6类玩具必须通过3C认证：塑料玩具、娃娃玩具、电玩具、弹射玩具、金属玩具和童车。

③ 关注玩具包装上标注的适用年龄，选择与自家宝宝年龄相匹配的产品。不合适的玩具不仅难以发挥益智作用，还存在安全隐患。

④ 仔细检查，注意以下细节。

1）玩具表面要光滑、无毛刺、无尖角。

2）玩具的小部件要牢固连接在主体上，不易脱落。

3）玩具的绳带或拖线长度不宜超过22厘米。

4）画笔、涂料、橡皮泥等要通过无毒检测。

5）发声玩具发出的声音不能过大。连续发声的玩具声音限量值为85分贝；敲打发声的玩具声音限量值为115分贝。

⑤ 有些产品虽然看似"好玩"，但安全风险较高，不适合被当作玩具供孩子玩耍。比较常见的有以下三种。

1）激光笔。激光笔一般应用于教学、导游等活动，以及建筑工地、消防救灾等场所。激光笔若使用不当危害很大。比如：直射人眼可能会造成暂时性或永久性视力损伤甚至失明；照射可燃物时间过长，易引发火灾；等等。

2）电动平衡车。电动平衡车既不属于儿童玩具，也不属于运动器械，如果将这类产品误认为是儿童玩具，就很容易忽视其存在的安全风险。尤其是年龄较小的儿童，因其自身平衡能力尚不健全，又缺乏相应的风险防范意识，在骑行过程中极易发生安全事故。

3）"水精灵"。它是一种圆珠形吸水树脂，又称泡大珠、吸水弹等，广泛应用于盆栽保水、室内装饰。有些商家将其当作玩具售卖，甚至作为弹射玩具的弹射物。由于颜色鲜艳，年龄较小的儿童很可能会将其当作糖果误吞，危及生命安全。此外，若"水精灵"的碎片黏附在手指上，用手揉眼时，这些碎片可能会划伤眼球，导致眼部感染甚至失明。

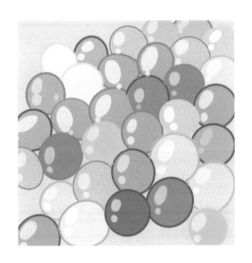

（2）使用玩具，注意这些细节

① 在儿童接触玩具前，家长应仔细查看玩具包装或说明书上的安全指示或警告，如以下图示。

② 在儿童接触玩具前，家长应认真阅读玩具使用说明书，并先使用玩具体验一下，了解是否存在安全隐患，然后再给孩子示范正确的使用方法。若让

儿童自己摸索使用方法,家长需在旁边指导。

③ 儿童玩具需定期维护。家长应定期检查玩具是否有破损、零件脱落等情况。此外,家长还应注意儿童玩具的清洁、消毒,普通玩具可每半个月清洗一次,毛绒玩具可通过喷洒消毒液或在太阳下暴晒等方式进行定期消毒。

6. 不建议使用学步车

学步车是一种让婴幼儿坐在里面并用脚推动自己移动的装置。很多家长购买学步车是因为他们认为学步车既可以保证宝宝的安全,又可以帮助宝宝练习走路。然而,事实却并非如此,学步车不仅不利于婴幼儿的身心发展,还存在很多安全隐患。

(1)使用学步车易导致伤害

每年都有很多婴幼儿在使用学步车时受伤,其中最常见的是婴幼儿和学步车一起从楼梯上跌落,导致婴幼儿头部和颈部受伤。

警示案例

2023年2月,广东省深圳市王先生家的小儿子刚满1岁,坐着学步车跟几个哥哥玩耍。谁知小儿子跟着哥哥走到楼梯间时，不慎和学步车一起从楼梯上滚落。所幸他只是头部受伤，并无大碍。王先生表示，没想到小儿子离开自己的视线不到1分钟，就发生了这样的意外，回想起这件事，让他后怕不已。

除从楼梯上跌落外，当学步车遇到地面的玩具等障碍物时，可能会发生翻倒从而导致伤害。移动中的学步车还有可能撞到家具、取暖器等危险物品。

（2）使用学步车可能影响婴幼儿的自然发育

首先，1岁前，宝宝需要学习爬行，因为爬行对身体各部位动作的协调起着至关重要的作用。使用学步车会使宝宝失去爬行、站立、弯腰、行走等大运动锻炼的机会，不利于宝宝的身体发育。其次，因为学步车提供了不必要的支持，婴幼儿不需要自己控制平衡就可以行走，这会阻碍婴幼儿自然学习独立行走的过程。第三，学步车会限制婴幼儿探索周围环境和锻炼手部技能，宝宝的身体在学步车中不能自由地接触周围，不利于孩子的心理健康发展。

很多家长都有"孩子越早学会走路越好"的认知误区。其实，宝宝在9月龄～1岁半开始行走都是正常的，家长不必过分担心。每个孩子都有自己的发育节奏，当他们的身体准备好，自然就会开始学习走路。如果违背了这个规律，过早让宝宝学站、学走，反而不利于宝宝的成长。

五、常见的儿童安全防护用品

为了儿童的健康成长，家长不能因为惧怕伤害的发生就把孩子当作笼中鸟"圈养"起来。在认真监护、开展安全教育的同时，家长可以通过改造居家环境、使用防护用品排除安全隐患，为孩子创造一个更安全的家。除前文提到的防护措施外，还可以使用一些简单、有效的防护用品。

1. 安全门栏

宝宝学会翻身、爬行、走路、攀爬后，便想要探索每一个角落。然而，家中的一些地方，如楼梯、厨房、壁炉等，可能对他们造成危险。安全门栏可以用来保护充满好奇心、四处活动的宝宝。可以将安全门栏安装在楼梯或过道的两端，既可有效地阻止孩子进入可能存在危险的区域，又允许孩子在安全范围内自由活动和探索。大多数安全门栏适用于6月龄～2岁的婴幼儿。一般而言，当孩子身高接近1米，或体重超过15千克（大约2岁）时，家中就不适合再安装安全门栏了。

安全门栏对于避免潜在危险发挥了重要作用，但它们也可能存在一些安全隐患。在使用安全门栏时，家长需要保持警惕，避免这些潜在问题。

（1）质量问题

质量较差的安全门栏容易损坏或不稳定，且材料中可能含有对孩子有害的物质。因此，选择质量好、符合安全标准的门栏非常重要。

（2）安装不当

如果没有正确安装安全门栏，就会导致其不稳定，甚至可能倒塌。因此，无论选择何种类型的门栏，都必须按照制造商的指示正确安装。

（3）使用不当

使用安全门栏不当也可能使孩子受伤。例如，在门栏上悬挂物品，孩子可能试图抓取这些物品，导致门栏翻倒。

（4）过度依赖安全门栏

虽然安全门栏可以为孩子提供一定程度的保护，但它们不能代替成人的监护。因此，即使安装了安全门栏，家长及其他照料者也应时刻关注孩子，确保他们的安全。

2. 电源插座防护罩

电源插座防护罩是一种儿童安全防护用品，主要用于防止儿童触电。对家中经常使用的插座、插线板，可以用防护用品堵住未使用的插孔，以免孩子触及。此外，为免触电，装修时应选择带有开关的墙边插座。

3. 窗户安全护栏和窗户锁

为免儿童从窗户坠落，宜安装竖向的安全护栏，栏杆间距不能超过10厘米，且护栏应完整覆盖窗户表面。如果条件不允许安装安全护栏，可以选用窗户锁（"窗止"），防止窗户打开宽度超过10厘米。

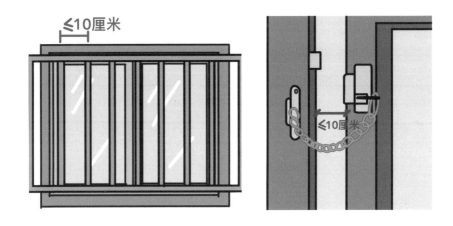

4. 门夹手防护器

门夹手防护器是一种安装在门上的装置，可以防止门突然关闭，以免夹伤儿童的手指。它们通常由柔软的材料制成，可以轻松插入门和门框之间。

5. 安全锁扣

家具安全锁扣可以避免儿童在探索和玩耍时打开有危险的家具，从而防止家具翻倒。以下是一些常见的家具安全锁扣。

（1）橱柜和抽屉锁

这类锁扣安装在橱柜或抽屉的开口处，对防止儿童接触有害物质（如清洁剂、药品等）或锋利物品（如刀、剪刀等）非常重要。

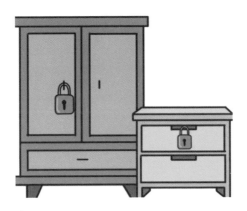

（2）冰箱锁

这种锁扣用于防止儿童打开冰箱，不仅可以防止他们接触到可能对其有害的食物，还可以避免他们被冰箱门砸伤。

（3）马桶锁

这种锁扣安装在马桶盖上，可以有效预防儿童溺水。

（4）电视及家具锁扣

这种锁扣用于将电视或大型家具（如书架、电视柜等）固定在墙上，以免其倒塌砸伤儿童。

第八章

特殊人群居家伤害预防
——老年人篇

❖ 一、老年人发生跌倒的特点

在不同年龄段人群中，老年人因跌倒而受重伤或死亡的风险最大，且年龄越大，风险越高。据世界卫生组织报道，全球每年有28% ～ 35%的65岁及以上老年人发生跌倒。与青壮年相比，老年人跌倒的发生率更高，且在跌倒时保护自己免受伤害的能力和受伤后的恢复能力都较差。因此，跌倒是老年人因伤住院的重要原因。

我国老年人跌倒相关情况如下。

① 我国老年人跌倒的发生率为18%左右，上海市老年人跌倒的发生率为12%左右，老年女性比男性更容易发生跌倒。

② 随着年龄增加，老年人跌倒的死亡率急剧上升。在65岁及以上老年人因伤害死亡的原因中，跌倒居首位。

③ 因受伤到医疗机构就诊的老年人中，一半以上是因为发生了跌倒。

④ 跌倒是造成老年人创伤性骨折的最主要原因。

家被认为是"安全的港湾"，但随着年龄的增长，老年人的平衡能力和反应能力逐渐下降，许多看似安全的居室，对他们而言可能"陷阱重重"。有调查显示，一半以上的老年人跌倒是在家中发生的，60%以上的老年人跌倒与不安全的居家环境因素有关。

常见的不安全居家环境因素包括通道存在障碍物、地面湿滑或不平坦、灯光昏暗，卫生间没有扶手、常用物品摆放不合理等。这些因素都可能导致老年人跌倒。

❖ 二、如何创造安全的老年人居家环境

1. 保持通道无障碍

衰老会导致感觉迟钝、反应变慢及视力减退。因此，当环境突然改变时，老年人往往不能正确判断环境状况及障碍物，比如：注意不到地面存在障碍物，或在跨越地面障碍物时，因腿抬得不够高而被绊倒。

为避免老年人被绊倒，应保持居家环境中没有阻碍通行的障碍，注意楼

梯、走廊、过道等处不要堆放杂物，电线、电话线等不要从通道经过，房间不要设置门槛。此外，如果家中有猫、狗等宠物，还应给它们戴上响铃，以便老年人及时发现它们靠近。

2. 地面平整防湿滑

地面光滑、湿滑是导致老年人跌倒最常见的环境因素。为预防老年人滑倒，家中地面应使用防滑材质。若地面较滑，应做防滑处理，如涂敷防滑液、粘贴防滑贴纸等。如果家中使用地垫、地毯，应保持其平整、不卷曲，并将其固定在地面上。厨房、卫生间是跌倒发生的"重灾区"，若水或油渍溅到地面上，一定要及时擦干；应在浴室地面或浴缸里铺设防滑垫。

3. 照明充足不刺眼

老年人对灯具照度的要求比年轻人高2～3倍。有老年人的家庭一定要保证室内光线充足，尤其是在楼梯、通道等地方，一定要安装足够明亮的灯具。灯具的开关应安装在易于触及的位置，可使用声控或感应式开关。老年人一般有夜间如厕的需求，宜在卧室安装一个小夜灯，其光线柔和，可避免夜间突然开灯造成的光线刺眼等不适。

4. 家具设施要合适

有老年人的家庭应注意选择高度与硬度适宜的家具。比如：床的高度以老年人坐在床上时，脚刚好能接触地面为佳；沙发不宜太低、太软，以免老年人"深陷"其中而影响起身；老年人常坐的椅子应有扶手，椅脚不能带滑轮；等等。

有老年人的家庭还应适当加装或放置一些辅助设施。比如：在卫生间和浴室安装扶手，以帮助起身和站立；在鞋柜旁放置座椅，供换鞋时使用；在家具的尖锐处加装防撞条、防撞角；等等。

5. 物品放在可及处

如果家中有老年人，应将家中的常用物品放在触手可及处，高度以在腰部和头部之间为宜。如果常用物品摆放得过高，老年人就需要登高取物，容易发生跌落，尤其是有些老年人将椅子当作梯子使用，非常危险；如果常用物品摆放得过低，老年人就需要经常弯腰或下蹲取物，起身时容易因头晕眼花而跌倒。

三、老年人如何预防跌倒

1. 经常检查视力、听力

早期发现和治疗与视力相关的眼部疾病，对预防跌倒非常重要。增加老年人跌倒风险的眼部疾病主要包括屈光不正（近视、远视和散光）、白内障、偏盲、青光眼、黄斑变性等。其中，老年性白内障是导致视力下降的最常见原因。老年人应每年检查一次视力，必要时通过配戴眼镜、手术治疗等方法，纠正和改善视力。

听力下降也会增加跌倒的发生风险，老年人应每年检查一次听力。尤其是当自我感觉听力下降明显时，要及时就医，寻找原因，及早治疗，必要时可配戴助听器。

2. 科学饮食，预防骨质疏松症

患骨质疏松症的老年人更容易跌倒，且跌倒后极易发生骨折，严重影响健康和生活质量。科学饮食是预防骨质疏松症的重要方面。首先，老年人要多吃含钙丰富的食物，如奶制品、豆制品、坚果等，牛奶及其制品是膳食中钙的最好来源。其次，老年人要多吃富含维生素D的食物，如海鱼（鲑鱼、鲱鱼等）、蛋黄、蘑菇、奶酪等，以促进钙的吸收和利用。此外，适当晒太阳也可促进皮肤合成维生素D。

3. 选用合适的拐杖

拐杖可以帮助老年人保持身体平衡，支撑部分体重，减轻双腿负担。常用的拐杖包括手杖、腋杖、肘杖、助行器等。如果经常感觉走路不稳或有时觉得腿脚发软，可使用手杖；下肢无力或因腿脚有病而不能负重的老年人，宜使用助行器。需要提醒的是，不可用登山杖代替手杖。

挑选手杖时，可从以下几方面入手。

（1）抓握舒适

手杖手柄表面应有防滑设计，且重量合适。

（2）底端防滑

手杖底端应有橡皮套或其他防滑材料制成的支脚垫，且软硬适度。

（3）长度合适

长度合适的手杖与人同"立"时，手柄高度应在人自然下垂的手腕处。

4. 穿适合老年人的鞋子

穿合适的鞋子对于老年人保持身体平衡十分重要。老年人选购鞋子时应先试穿，并注意以下几点。

（1）大小要合适

太大的鞋不跟脚，不能为足部提供足够的支撑力，会使人重心不稳，也容易使人感到足部疲惫；太小的鞋则会磨脚，不仅影响脚对地面的感知，不利于身体控制，还会影响血液循环。

（2）软硬要适中

虽然过软的鞋底可以增加鞋子的舒适性，但容易使人重心不稳；鞋底过硬，既容易影响脚对地面的判断力，又不利于防滑。

（3）鞋底要防滑

鞋底花纹深且多的鞋子与地面的摩擦力较大，防滑性能较好；而鞋底较光滑的鞋子容易使人滑倒。

（4）鞋跟不宜高

对老年人而言，鞋跟高度不宜超过2厘米，否则会影响人体重心的位置，改变行走时足部的姿势，从而增加身体的不稳定性，增加跌倒风险。

5. 改变体位时，动作要慢

老年人日常生活中动作宜慢不宜快。转身、转头、起身、起床等动作过快，很容易导致老年人因头晕眼花而跌倒，尤其是起床和从椅子上起身时。

老年人起床时，应做到"3个30秒"，以免体位快速变化引起不适：

① 醒来后，在平卧状态下睁开眼睛，等待30秒，适应由睡眠到觉醒的过程；

② 缓慢坐起来，等待30秒，可转动脖子，活动一下四肢；

③ 将双腿移至床沿，双脚可着地，静坐30秒，若反应正常，再下床行走。

老年人从椅子上起身时，可先尝试将双臂和双腿收紧数次，再借助扶手站起来。

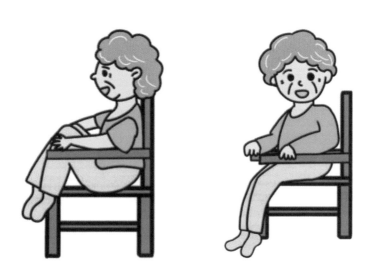

6. 如厕、洗澡时更需当心

老年人上厕所时，在弯腰、起身等过程中，应扶住固定物体（如扶手、洗手台、洗衣机等），不要抓扶毛巾架、置物架等不牢固的设施。

浴室内环境闷热、地面湿滑，老年人体力有限，洗澡时很容易晕倒或滑倒。而使用洗澡专用凳，既省体力，又不用担心滑倒。但要注意的是，洗澡专用凳本身应防滑、固定牢固。老年人洗澡时千万不要将浴室门反锁，以免在出现身体不适或滑倒等紧急情况时，家人难以及时发现和救援。

7. 合理用药

在跌倒的危险因素中，药物是重要一员，药物副作用及用药不规范等均可增加跌倒的发生风险。

很多药物可以影响人的精神、视觉、辨别能力、协调能力、步态、平衡能力等，有些药物可以使人身体变得虚弱，从而引起跌倒。

有研究表明，老年人服用的药物种类和数量越多，发生跌倒的风险越大。因此，老年人应关注自身用药情况。

（1）哪些老年人更要注意预防药物引起的跌倒

① 经常患病、多病共存，因而需要经常或长期服药、多类药物联用的老年人。

② 肝、肾功能衰退，代谢和排泄药物的能力降低，对药物的敏感性发生改变的老年人。

③ 记忆减退，因而容易服药不规律（如漏服、多服等）的老年人。

④ 伴有其他内在跌倒危险因素（如视力下降、平衡能力减退等）的老年人。

（2）增加跌倒风险的常见药物有哪些

有研究表明，降压药、降糖药、抗癫痫药、精神类药物等都可增加老年人发生跌倒的风险。

① 降压药

降压药的代表药物包括普萘洛尔、硝苯地平等，可通过改变血流动力学引起体位性低血压，常可使人发生眩晕、晕厥和短暂意识丧失等中枢神经系统症状。

② 降糖药

降糖药的代表药物包括格列本脲、格列吡嗪、二甲双胍、阿卡波糖等，可导致低血糖，从而不同程度地影响患者的意识、视觉、平衡能力等。

③ 利尿剂

利尿剂的代表药物包括氢氯噻嗪、呋塞米等，患者服用后可发生脱水、低血钾等副作用，出现嗜睡、乏力、头晕、站立或行走不稳等症状。

④ 抗癫痫药

抗癫痫药的代表药物包括苯妥英钠、卡马西平、苯二氮䓬类药物（安定即属此类）等，作用于中枢神经系统，副作用包括眩晕、视力模糊、共济失调等。

⑤ 抗精神病药

抗精神病药的代表药物包括氯丙嗪、氟奋乃静等，作用于中枢神经系统，主要副作用包括头晕、反应迟缓、体位性低血压等。

⑥ 抗抑郁症药

抗抑郁药的代表药物包括丙米嗪（米帕明）、阿米替林、氟米帕明等，作用于中枢神经系统，主要副作用包括视力模糊、嗜睡、震颤、头晕眼花、体位性低血压、意识混乱等。

小知识

什么是"易增加跌倒风险药物"

精神治疗药物一般能通过血脑屏障并直接作用于中枢神经系统，可能导致一些不良后果。最近，国外有研究进一步确定了抗抑郁症药、抗精神病药、抗癫痫药与老年人跌倒之间的相关性。因此，这类药物被称为"易增加跌倒风险药物"（Fall-risk increasing drugs, FRIDs）。

（3）老年人服药如何避免增加跌倒风险

虽然药物可能会增加跌倒风险，但老年人不能因噎废食，拒绝服药。

① 遵从医嘱，合理用药

老年人用药应在医生指导下进行，切勿擅自使用，也不要自行调整用药剂量或停药。

② 了解药物副作用，定期咨询评估

药物副作用普遍存在。老年人在用药过程中，应定期咨询医生，了解所用药物的副作用。如果经常发生跌倒，尤其是在服药后跌倒或常感觉嗜睡、眩晕等，应携带服用的所有种类药物（或药盒）前往医院，请医生调整用药方案。

③ 用药后注意休息，留意反应

有研究显示，老年人口服可能增加跌倒风险的药物后30分钟至1小时，跌倒风险较高。因此，老年人服药后应注意休息，并观察用药后的反应，特别是在服用可能增加跌倒风险的药物后。

第九章

常见居家伤害的急救

❀ 一、跌倒与坠落

1. 老年人跌倒

发现老年人跌倒，应第一时间判断老年人是否丧失意识，然后根据老年人的不同状况分别采取以下措施：

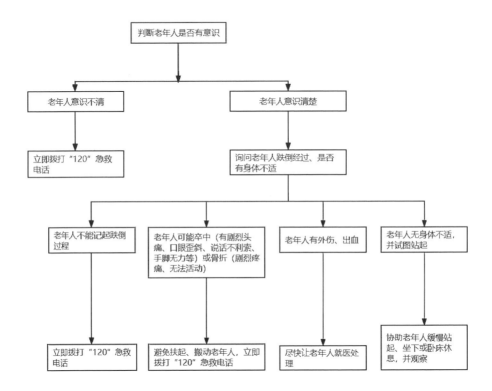

需要提醒的是，老年人患心脑血管疾病非常普遍。如果老年人因心脑血管疾病跌倒，应注意减少搬动老年人，尤其是避免其头部震动。如果老年人跌倒时面部朝下，可以将其姿势调整为侧卧位或半侧卧位（这样有助于保持老年人呼吸畅通），并立即拨打"120"急救电话。

2. 高空坠落

（1）第一步：评估状况

当有人发生坠落时，应首先评估伤者坠落的高度、坠落的原因、受伤的时间等，这些因素不同，伤者的受伤情况也会有所不同。

（2）第二步：观察体征，采取不同应对措施

① 若伤者呼吸、心跳停止，应立即对其进行心肺复苏抢救。

② 若伤者意识模糊但仍有呼吸、心跳，应尽快帮助伤者清除呼吸道杂物、呕吐物、淤血等，以保证其呼吸道通畅。

③ 若伤者有开放性伤口，应立即对其进行止血处理，用无菌纱布及绷带加压包扎，加压至未见明显出血且不影响肢体血液循环为宜，做好标记并定期放松绷带，同时持续观察伤处的出血状况。

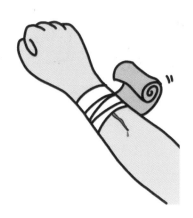

高处坠落一般较为严重，很容易导致头颈部、胸椎以及内脏器官严重受伤，故应尽量使伤者保持不动，并尽快拨打"120"急救电话。

二、烧烫伤

烧烫伤是由热辐射导致的损伤，包括接触热的液体、热的固体、火焰等对人体皮肤或其他组织造成的损伤，以及由放射性物质、电能、摩擦或某些化学物造成的损伤。

1. 烧烫伤的急救原则

① 在保证安全的前提下，施救者应立即帮助伤者脱离热源，比如：伤者

发生火焰烧伤时，施救者应迅速帮助伤者脱下燃烧的衣物，并扑灭火焰；伤者发生电灼伤时，施救者应立即切断电源；等等。

② 若发生烫伤，应用冷水持续冲洗或浸泡烫伤部位10～15分钟，以降低局部温度。

③ 若发生化学品灼伤，应用大量清水冲洗灼伤部位以稀释其浓度。

④ 若伤者需就医，施救者应用干净的布或床单包裹伤者，送往医院进行救治。

⑤ 发生严重的烧烫伤，尤其是严重的电灼伤时，伤者可能会发生心跳、呼吸停止，此时施救者应立即进行心肺复苏，并尽快将其送医治疗。

2. 发生烧烫伤，莫入四误区

（1）误区一：在伤处涂抹牙膏、酱油等

这类物品不仅会妨碍对伤处的观察，还不易清除，容易污染创面。

（2）误区二：用冰块冷敷伤处

直接用冰块冷敷伤处，可能会加重损伤。

（3）误区三：伤处长时间浸泡在冷水中

伤处长时间浸泡在冷水中，可能会导致低温症。

（4）误区四：挑破伤处的水疱

挤压、挑破或撕破伤处的水疱，容易导致感染。

三、电击伤

1. 电击伤对人体的伤害

电击伤对人体的伤害包括直接和间接伤害，直接伤害是由电流对人体组织（如心肌等）的直接影响或由电能转化为热能造成的各种烧伤，间接伤害主要是电流导致的严重肌肉收缩，伤害的严重程度主要取决于电流的强度。

2. 发生电击伤，如何施救

当有人发生触电时，在保证自身安全的情况下，施救者应第一时间切断电源，如关闭电源开关或用绝缘物体断开电源线等，然后根据伤者的情况采取相应措施。

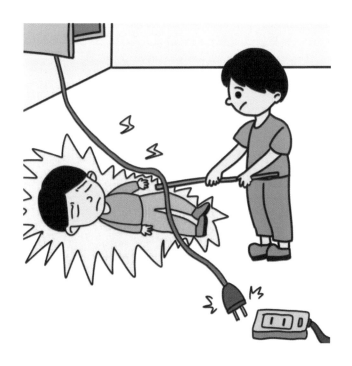

① 若伤者呼吸、心跳正常，施救者应使伤者平躺，帮其解开衣袖，以保持其呼吸道通畅。让伤者尽量静卧休息，避免活动，等待医疗诊治。

② 若伤者呼吸困难或呼吸停止，但心跳仍正常，施救者可采用人工呼吸进行急救。

③ 若伤者心跳异常甚至停止，施救者可采用胸外按压进行急救，并拨打"120"急救电话。

④ 若伤者有外伤出血，施救者应立即采取止血措施，对伤口进行消毒、包扎等处理，以免发生感染。

❋ 四、窒息

窒息是指呼吸道内部或外部存在障碍而导致人体缺氧的伤害，常见于低龄儿童。

1. 吞咽异物导致窒息

当有人因吞咽异物而发生窒息时，应首先探查并判断患者的情况。

① 若患者能清楚地表述和咳嗽，应引导患者通过咳嗽将异物排出。

② 若患者失去知觉，或不能咳嗽，应立即检查其口腔中是否有异物，如有则立即清除。若患者呼吸道仍不通畅，应立即采用海姆立克急救法帮助排出异物，并拨打"120"急救电话。

海姆立克急救法是一种常用的急救方法，通常用于气道梗阻的急救。其原理是利用冲击腹部——膈肌下软组织，产生向上的压力，压迫两肺下部，从而使肺部残留空气形成一股气流。这股带有冲击性的气流可以将堵住呼吸道的异物冲出体外。

① 当1岁以下的婴儿发生气道梗阻时，施救者可通过拍背和冲击胸部的方式帮助清除阻塞物。

② 当1岁以上的儿童、青少年及成年人发生气道梗阻时，施救者可采用冲击腹部的方式帮助清除阻塞物。

③ 当孕妇和肥胖者发生气道梗阻时，施救者可采用胸部冲击法帮助清除阻塞物。

④ 自救时，可握拳或利用椅背、桌边等冲击腹部，直到异物排出。

海姆立克急救法

婴儿　　　　　　儿童、成年人　　　　　孕妇、肥胖者　　　　　自救

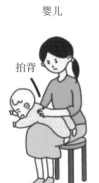
拍背

2. 哺乳时婴幼儿发生窒息

若婴幼儿在母亲哺乳时发生窒息，家长应迅速将孩子的头偏向一侧，及时排除口腔中的乳汁，可以采用吸痰器或吸乳器软管辅助将口腔内的乳汁吸出，并尽量引导孩子继续咳嗽，以将异物进一步排出体外。如以上措施不起作用，家长应采用海姆立克急救法帮助其排除异物，并拨打"120"急救电话求助。

❖ 五、中毒

在没有基础疾病的情况下，突然出现不明原因的晕厥、昏迷、呼吸困难、恶心、呕吐、胸闷、腹痛、腹泻、口腔及咽喉疼痛等症状时，应考虑是否发生了急性中毒。一个群体中同时有多人出现相同症状，也要考虑中毒的可能。

一旦怀疑家中成员发生急性中毒，应立即拨打"120"急救电话求助，同时尽早进行力所能及的救治。在家庭救治过程中，应首先观察患者的神志和呼吸，使患者保持安静、呼吸道通畅。然后再依据中毒途径的不同采取不同的方法。

1. 消化道接触毒物引起的中毒

消化道接触毒物引起的中毒多由于误服或故意服用农药、洗涤剂、洁厕剂和过量药物等，任何非食物物品都是潜在的毒物。

（1）催吐可减少人体对毒物的吸收

对此类中毒患者，最有效的救治方法是催吐。催吐可以尽快将胃内毒物排出体外，阻碍人体对毒物的吸收。操作方法一般是让患者饮用300～500毫升的水后，将手指、牙刷柄或不锈钢匙柄等放在患者的舌根部位，刺激咽喉使其呕吐。如此反复进行，直至患者将胃内容物完全吐出为止。

值得注意的是，以下情况不宜催吐。

① 强酸或强碱性化学品（如洁厕剂、管道疏通剂等）极易对消化道造成化学性烧伤。因此，对误服此类化学品而中毒的患者，严禁进行催吐和洗胃，可令其口服牛奶、鸡蛋清，并立即将其送往医院救治。

② 不能对年龄很小的孩子或昏迷的患者进行催吐，因为他们呕吐时，呕吐物极易进入气管，造成窒息。

③ 不能对孕妇催吐，因为腹部压力大幅上升可能会导致流产。

④ 需要提醒的是，对经消化道途径中毒者，不可采用口对口人工呼吸进行救治，以免毒物进入施救者体内而引起中毒。

（2）酒精（乙醇）中毒

日常生活中，饮酒导致轻中度急性酒精中毒的现象较为常见。因此，饮酒者及周围的人们大多不在意，认为醉酒后只要睡一觉就好了。然而，新闻报道中不乏因饮酒过量而丧命的例子，尤其是慢性疾病患者，若不注意节制，逢喝必醉，就容易发生意外。

警示案例

　　2020年12月5日，山东省郯城县一名男子连续在两场饭局上喝酒，在回家途中因醉酒昏迷在路旁，巡逻民警发现后，联系其家人并将其送回家中。次日8时许，该男子在家中死亡，后经司法鉴定，系乙醇中毒死亡。郯城县人民法院依法判决6名当天与该男子共饮的"酒友"承担部分责任，共同赔偿死者亲属死亡赔偿金等损失279 501元。

　　① 如何区分急性醉酒与急性酒精中毒

　　急性醉酒是人饮酒后意识、认知、知觉、判断、情感、行为等心理和生理功能出现障碍的情况。最主要的特征是，这种障碍状态是暂时现象，醉酒的程度随着时间的推移而减轻；在不继续饮酒的情况下，这种影响最终会消失。

　　急性酒精中毒是大量饮酒使血液中酒精浓度严重升高，导致吞咽、心跳、呼吸等生命中枢受到显著抑制的状态，严重时可导致死亡。

　　急性酒精中毒的症状包括恶心、呕吐、心悸、头晕、胡言乱语、躁动，严重者可出现昏迷、大小便失禁及呼吸抑制。当醉酒者出现这些症状时，家人应留意观察，及时进行急救。

　　② 急性酒精中毒，如何急救

　　对轻、中度中毒者，家人应首先设法使患者将胃内残存的酒精排出。可用筷子刺激患者舌根催吐，然后让其饮浓茶，以兴奋神经中枢。

　　如果醉酒者睡着了，家人应使其头部偏向一侧或让其侧卧，千万不要让醉酒者趴着，以免他们呕吐时呕吐物进入气管，导致窒息。此外，还应定时仔细观察醉酒者的状态。

　　呼吸减慢或不规则、抽搐、大小便失禁、吐出咖啡样呕吐物、鼾声异常等为"危险信号"，如果醉酒者出现这些情况，说明情况比较严重，家人应立即拨打"120"急救电话，将其送医。

（3）亚硝酸盐中毒

亚硝酸盐中毒的常见原因为食用硝酸盐、亚硝酸盐含量较高的腌制肉类、泡菜及变质蔬菜等。

警示案例

2022年11月，江苏省常州市的唐先生因食用咸菜而发生亚硝酸盐中毒。唐先生回忆，事发当天他妻子不在家，他在中午和晚上都吃了咸菜和白粥。到了半夜，他感觉头晕，以为是饿了，于是又吃了很多咸菜。到了凌晨，唐先生感到头晕、恶心、胸闷、气喘、四肢发麻，便强撑着去了医院。到医院时，他的脸已经发紫。急诊医护人员见状立即给他催吐、洗胃，并实施相应的检查和治疗。医生说，如果再迟一会儿，唐先生很可能会出现呼吸、心搏骤停。原来，咸菜的亚硝酸盐含量一般在腌制后2周左右达到最高峰，之后开始下降。因此，咸菜在腌制后1个月左右才能食用。唐先生表示，咸菜是他妻子从亲戚家里拿来的，她忘记告诉唐先生要过一段时间才能吃。

亚硝酸盐中毒的症状以出现发绀为主，皮肤黏膜、口唇、指甲下最明显。此外，中毒者还可出现胸闷、呼吸急促或困难、头晕、头痛、心悸、恶心、呕吐、心率变慢、心律不齐、血压下降、肺水肿、休克、惊厥或抽搐、昏迷等。

有人发生亚硝酸盐中毒时，应将中毒者置于空气新鲜、通风良好处，并对其进行催吐，严重时尽快将其送往医院救治。

2. 呼吸道接触毒物引起的中毒

发生在家中的经呼吸道途径中毒以一氧化碳中毒多见。

（1）家中哪些情况可能引起一氧化碳中毒

① 在密闭的居室中使用煤炉取暖、做饭或用木炭炉烧烤，且门窗紧闭，无通风措施。

② 平房烟囱安装不合理，筒口正对风口，或遇刮风、阴天、下雪等低气压天气，室内积蓄的煤气无法及时排出。

③ 煤气管道漏气、开关不严或烹饪时炉灶火焰被扑灭，煤气大量溢出。

④ 使用燃气热水器时，通风不良，且洗浴时间过长。

（2）一氧化碳中毒有哪些表现

① 轻型：表现为头痛、眩晕、心悸、恶心、呕吐、四肢无力，可能出现短暂的昏厥。

② 中型：出现虚脱或昏迷，皮肤和黏膜呈现樱桃红色。

③ 重型：深度昏迷，各种反射现象消失，大小便失禁，血压下降，呼吸急促，有生命危险。

（3）发生一氧化碳中毒，如何急救

① 自救措施

自救措施适合仅有头晕、头痛、眼花、心慌、胸闷、恶心等症状的中毒者。应迅速打开门窗通风，或离开中毒环境，呼吸新鲜空气和休息，可适当喝点热饮料，不久便可恢复正常。

② 施救措施

应迅速带患者脱离中毒环境，将其转移到空气新鲜处；松开患者的衣领

和裤带，检查其呼吸是否正常，必要时及时进行人工呼吸。如果患者口、鼻中有呕吐物、分泌物，应立即清除，以免它们进入气管。如果患者呼吸、心跳停止，应立即进行心肺复苏。在患者恢复自主呼吸后，要注意将其头部歪向一侧，以免其口中的呕吐物、分泌物进入气管导致窒息。如果患者昏迷时间较长，应迅速将其送往医院。

需要注意的是，在抢救中毒者的同时，施救者也应保护好自己，及时开窗通风，降低室内空气中的一氧化碳浓度，绝不能开灯或使用打火机、火柴等，以免引起爆炸。

3. 皮肤、黏膜接触毒物引起的中毒

皮肤、黏膜接触毒物引起的中毒主要见于皮肤、眼睛或头发接触了各种酸性或碱性物质、杀虫剂、有毒植物，以及其他化学物质等。

发生此类中毒时，应尽早让患者脱离被毒物污染的场所，除去被污染的衣物，并用大量清水反复冲洗接触毒物的部位，不要忘记清除毛发及指甲中的残留毒物，也不要尝试用其他物品擦拭去除残留毒物。

当眼睛接触到毒物时，应用温水从内眼角向外眼角冲洗15～20分钟。因

为人的内眼角中有一小管通往鼻腔，如果从外眼角向内眼角冲洗，就可能将毒物冲进鼻腔。

发生各类中毒时，若需将中毒者送医，最好将毒物带往医院，并尽量准确地告知医务人员中毒时间、毒物品种及数量、中毒途径等，以便医生及时采取针对性的措施，使中毒者脱离危险。

六、溺水

1. 家中哪些情况易导致溺水

对婴幼儿（特别是学步期儿童）而言，家中的浴缸、马桶、水桶、鱼缸等都可能是发生溺水的地方。

长时间受热会导致老年人发生血压下降、虚脱等急性心血管事件，故老年人长时间使用浴盆沐浴时，存在溺水的可能。

2. 溺水的急救方法

尽量使溺水者处于侧卧位，如果溺水者意识不清，应迅速清理其口、鼻中的异物，保持气道通畅。如果溺水者出现呼吸、心跳停止，建立有效通气是急救的首要措施。应先进行2～5次人工呼吸，再进行胸外按压。

此外，还应查看溺水者的生命体征，当其体温低于30℃时，要积极进行复温治疗。迅速脱去溺水者全身的湿衣服，用毛毯或棉被包裹，有条件时可换上干燥衣物。

七、锐器伤和钝器伤

在日常生活中，因接触锐器、磕碰、撞击等而受伤的情况非常普遍。尽快正确处理，能帮助伤者减轻痛苦和缩短治愈时间。

1. 割伤或裂伤

发生割伤或裂伤时，若伤口小于1厘米、伤口较浅、出血不多，可自行处理。用纱布或毛巾轻柔地按压伤处5～10分钟，止血后，先用清水或生理盐水清洗伤口，再用碘伏消毒，最后以无菌纱布覆盖伤处，外裹绷带即可。如果伤口较大、较深，应先进行紧急处理，清洗伤口，并用碘伏消毒，在简单包扎后再前往医院接受专业处理。

2. 擦伤

发生擦伤时，用清水洗净伤口，然后用棉签擦干，再涂抹碘伏消毒即可。

3. 刺伤

被木刺、鱼刺、钉子等锐器刺伤时，应尽快拔出锐器，然后按压伤处周围皮肤挤出少量血液，以尽量排出被锐器带入伤口的细菌，再前往医院接受专业处理。需要提醒的是，若伤口较深或由生锈物体造成，有感染破伤风的风险，应及时前往医院接种破伤风疫苗。

4. 眼伤

被小刀、铁片等锐器刺伤或划伤眼睛，可致穿通伤，使眼球受损。这种严重的眼外伤出血并不多，但有水样物流出。此时千万不可扒开眼皮或用力压迫眼部，因为任何外力都可能使眼内容物被挤出，造成失明的严重后果。应保持伤处清洁，但不必还纳已脱出的眼内容物，以免感染。可用消毒纱布或湿毛巾遮盖眼部，并立即就医。

5. 鼻外伤

对出血量一般的鼻外伤，可用食指和拇指捏紧两侧鼻翼止血，也可按压人中沟上1/3处（此处有一条动脉血管通向鼻梁，被压迫可止鼻血）。同时用湿毛巾冷敷鼻周围，再将蘸取麻黄素滴鼻液的消毒棉花塞入出血鼻孔中。值得注意的是，鼻出血时不能仰头或取仰卧位，以免鼻血倒流，导致严重后果。

6. 手钝器伤

常见的手钝器伤包括被重物压伤、被硬物打伤等，皮肤大多不会破，只出现皮下青紫或血肿，此时应用湿毛巾或冷水袋冷敷半小时左右，以减轻疼痛及防止血肿增大。若手指甲下出现血肿，可用烧红的回形针在血肿上方的指甲上穿刺小洞，使积血从洞中流出，再贴上护伤胶布，以减轻疼痛及防止指甲脱落。一般情况下，手钝器伤4～5天后就会愈合，若伤处持续肿胀或化脓，应前往医院诊治。

此外，如果发生皮肤撕脱、肌腱及神经损伤、骨折、断肢等比较严重的损伤，应立即就医。需要注意的是，如果出现肢体、手指或脚趾的离断伤，最好将断肢、断指或断趾用塑料袋包好，置于低温保温桶中保存，并带往医院，切忌冷冻保存或将其直接置于冰水中。

✵ 八、动物伤

1. 猫、狗抓伤及咬伤

被猫、狗抓伤或咬伤后，应立即处理伤口。因为猫、狗可能携带狂犬病毒，被其抓、咬伤，可能会导致狂犬病。目前，狂犬病没有特效药，死亡率极高。

警示案例

2023年3月，广西壮族自治区的一名8岁男孩被村里的小狗抓伤右手背，当时未处理伤口。当天晚上，小狗死亡。5天后，男孩开始发热。7天后，男孩出现了四肢抖动、幻视、幻听、烦躁等症状。在住院治疗期间，他还出现恐水、怕风、流涎等症状。最终，男孩因抢救无效不幸去世。从男孩被狗抓伤到发病、死亡，仅20天。

被猫、狗抓伤或咬伤后，如果伤口出血但出血量不多，可以不急于止血。因为流出的血液可以将残留在伤口的猫、狗唾液带出。尽量从近心端（离心脏近的位置）挤压伤口出血，有利于排除残留的唾液。用肥皂水或生理盐水反复冲洗伤口后，用干纱布或干净布料蘸干水分。再用酒精或碘伏对伤口及周围皮肤进行消毒。

如果伤口较深，更需反复冲洗并消毒，最好用过氧化氢双氧水冲洗，必要时扩大伤口，以利于引流。处理伤口后，应尽快前往医院或疾病预防控制中心注射狂犬疫苗。

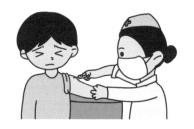

2. 蜂蜇伤

蜂蜇伤一般不会造成全身多脏器功能损害，以局部治疗为主，过敏体质、特殊体质者需及时就医。

蜜蜂蜂毒为酸性，故应用碱性液体（如小苏打水等）处理伤处，而胡蜂的毒液呈碱性，应用酸性液体（如食醋等）处理伤处。因此，被蜂蜇伤时，一定要确认是被哪种蜂蜇伤。被胡蜂蜇伤后，伤处会出现疼痛，皮肤呈局部瘀斑，形成溃疡性凹陷，周围伴有荨麻疹样改变。被蜜蜂蜇伤后，皮肤一般会肿胀、充血，出现疼痛或瘙痒，没有溃疡性凹陷。

如果蜂刺遗留在皮肤中，可通过胶布粘贴伤处或拔罐拔除蜂刺，不能挤压伤处。然后用清水或生理盐水冲洗伤处，可口服蛇药片，或将蛇药片碾碎，调成糊状涂抹在伤处。

九、中暑

中暑是人在高温环境下发生的急性疾病。当身体产热不断增加，不能及时散发，体温失调，引起过度蓄热，大量出汗导致脱水、电解质紊乱时，人就会发生中暑。一旦气温超过34℃就有可能导致中暑。此外，空气湿度大、风速小或有强烈辐射热等是导致中暑的"帮凶"。

1. 中暑分三类

（1）先兆中暑

患者大量出汗，感到头晕、眼花、无力、恶心、心慌、气短，注意力不集中，定向力存在障碍，体温通常低于37.5℃，在进入阴凉、通风的环境后，短时间内即可恢复。

（2）轻症中暑

患者除有先兆中暑症状外，还可表现为皮肤灼热、面色潮红、皮肤苍白、呕吐、皮肤湿冷、脉搏微弱、血压下降等，体温升高至38℃以上，通常可在离开高温环境并休息后4小时内恢复正常体温。

（3）重症中暑

轻度中暑进一步加重，便发展为重症中暑，表现为皮肤苍白、出冷汗、肢体软弱无力、脉搏疾速、意识模糊或昏厥、剧烈头痛、头晕、耳鸣、呕吐、面色潮红等。患者头温可达40℃以上，体温一般正常或变化较小，若病情继续发展，患者体温可高达40℃以上，发生昏迷，严重时可因多脏器损伤而死亡。

2. 哪些人容易发生中暑

婴幼儿、65岁以上老年人、超重或肥胖者、慢性疾病（如糖尿病、心血管疾病等）患者、体弱多病者、过度疲劳者容易发生中暑。此外，在高温天气进行剧烈活动、劳动强度大且持续时间长、大量饮酒、服用影响身体散热的药物等情况，也容易导致中暑。

3. 中暑急救"八字原则"：转移、降温、补充、转送

（1）转移

立即停止活动，迅速转移到通风、阴凉、干爽处，平卧并解开衣扣休息，更换被汗水浸湿的衣服。

（2）降温

用湿毛巾、冰块等冷敷额头，也可用冷水进行全身擦浴。在体外降温无效的情况下，可用200毫升冰盐水灌肠或口服解暑类药物。

（3）补充

补充水分时，可在水中加入少量食盐或小苏打，注意不可急于补充大量水分。

（4）转送

对重症中暑患者，在现场救护、降温的同时，应立即拨打"120"急救电话，及时将其送往医院接受救治。

附录　居家环境中的安全隐患排查与消除清单

一、楼梯楼道

1. 楼道或楼梯上是否有纸盒、鞋子等杂物?

※ 不要在楼道口、门口堆放物品。

2. 楼梯是否有破裂或不平之处?

※ 要及时修复破损的楼梯。

3. 楼梯处是否有明亮的电灯?

※ 安装明亮的楼梯照明灯,有容易触及的楼梯灯开关。

4. 楼梯扶手是否松动?

※ 及时加固松动的扶手。

5. 楼梯是否只有一侧有扶手?

※ 确保沿着有扶手的一侧上、下楼。

二、家中通道

1. 地毯或地垫是否平整、不容易滑动?

※ 使用平整、防滑、无破损的地毯或地垫。

2. 过道上有没有堆放杂物?

※ 要清理过道上的杂物,保持过道整洁。

3. 家中若有宠物,有没有做好预防它们绊倒家人的措施?

※ 可考虑给宠物戴上响铃,以便人在它们靠近时及时发现。

4. 进门如需换鞋,鞋柜旁是否有供换鞋时使用的座椅?

※ 鞋柜旁放置高度适宜的座椅,供换鞋用。

三、客厅

1. 照明是否充足?

※ 保证充足的照明。

2. 取物是否需要登高？

❋ 常用物品应放在高度适宜的位置，避免使用梯子；如必须使用，应选择有防滑胶套的梯子，且使用时应有人在旁保护。

3. 沙发高度和软硬度是否合适？

❋ 使用适合老年人的沙发，避免太软或太低。

4. 常用椅子有没有扶手？

❋ 使用有扶手的椅子。

5. 从客厅到其他房间是否需要从家具旁绕行？走动时是否需要跨过电线（如电话线、电灯线等）？

❋ 优化家具摆放位置和电线走向，避免行走时被绊倒。

6. 地面是否防滑？

❋ 使用防滑的地面材料。

7. 地面是否干燥？

❋ 保持地面干燥，及时擦干水和油渍。

四、卧室

1. 躺在床上时，灯的开关是否在触手可及处？

❋ 将灯具开关安排在床边触手可及处。

2. 床到卫生间的过道是否昏暗？

❋ 在过道上安装一盏小夜灯，亮度能使人看清过道即可。

3. 床边有无杂物影响上、下床？

❋ 保持卧室地面整洁，不随意摆放物品。

4. 床的高度是否适合上、下床？

❋ 床的适宜高度以人坐在床上时，脚刚好能接触地面为佳。

5. 老年人床边是否装有电话？

❋ 老年人可在床头安装不用下床也能接听的电话，以便发生危险时及时求救。

6. 地面是否防滑？

❋ 使用防滑的地面材料。

7. 地面是否干燥?

※ 保持地面干燥, 及时擦干水和油渍。

五、卫生间

1. 地面是否平整, 排水是否通畅?

※ 修整地面, 保持排水通畅。

2. 马桶、浴缸、淋浴房旁是否有扶手?

※ 在马桶、浴缸、淋浴房等区域安装扶手;淋浴时可使用牢固、防滑的坐凳, 以便及时坐下休息。

3. 浴缸、淋浴房内是否使用防滑垫?

※ 应使用防滑垫或防滑条。

4. 拿取洗漱用品是否方便?

※ 洗漱用品应放置在方便取用的高度和位置。

5. 地面是否防滑?

※ 使用防滑的地面材料。

6. 地面是否干燥?

※ 保持地面干燥, 及时擦干水和油渍。

六、厨房

1. 排风设备和窗户通风是否良好?

※ 烹饪时应保持通风良好。

2. 是否将常用物品放在高度合适的位置?

※ 整理厨房, 将常用的厨房用具和调味品放置在较低的方便取用处。

3. 登高取物时是否使用稳固的工具?

※ 使用防滑、带扶手的专用梯凳, 不使用椅子登高取物。

4. 地面是否防滑?

※ 使用防滑的地面材料。

5. 地面是否干燥?

※ 保持地面干燥, 及时擦干水和油渍。

七、阳台

1. 阳台是否封闭?

❋ 封闭阳台。

2. 阳台是否有遮雨棚,且下雨时不易进水?

❋ 安装遮雨棚,下雨天尽量不去阳台。

3. 阳台上是否有杂物?

❋ 及时整理杂物,保持阳台整洁。

4. 阳台栏杆高度是否超过成年人的腰部?

❋ 确保阳台栏杆高度超过成年人的腰部。

5. 地面是否防滑?

❋ 使用防滑的地面材料。

6. 地面是否干燥?

❋ 保持地面干燥,及时擦干水和油渍。